安徽省文化强省建设专项资金项目

安徽省『十二五』重点出版物出版规划项目

漫画版中国传统社会生活

庄华峰 主编

饮食生活

舌尖的创造

庄华峰 著

中国科学技术大学出版社

内 容 简 介

在基于内容的科学性和学术性的前提下,作者用文字和漫画相结合的方式,对社会生活中的优秀传统文化进行梳理和描述,让广大读者通过生动活泼的表达形式,了解先民饮食生活的方方面面,加深对中华民族的了解和认同,呼唤人们对传统社会生活的关注,深化对社会主义核心价值观的理解和认识。

人类的饮食生活作为一种复杂的社会文化行为事象,有着悠久的历史和丰富的内涵,它既是文化,又是科学,更是一种艺术,它是一种文明的标尺和民族特质的体现。全书从食物种种、节日美食、美食美器、壶边茶话、酒中三味、亦食亦药、饮食礼俗、吃的艺术、中西合璧九个方面入手,从不同的视角展现饮食生活在人类社会生活中的作用与意义,以及它对世界饮食文化的重要影响。

图书在版编目(CIP)数据

饮食生活:舌尖的创造/庄华峰著.—合肥:中国科学技术大学出版社,2020.5

(漫画版中国传统社会生活/庄华峰主编)

安徽省文化强省建设专项资金项目

安徽省"十二五"重点出版物出版规划项目

ISBN 978-7-312-04374-0

Ⅰ.饮⋯　Ⅱ.庄⋯　Ⅲ.饮食—文化—中国—通俗读物　Ⅳ.TS971.202-49

中国版本图书馆CIP数据核字(2018)第055589号

出版	中国科学技术大学出版社
	安徽省合肥市金寨路96号,230026
	http://press.ustc.edu.cn
	https://zgkxjsdxcbs.tmall.com
印刷	合肥市宏基印刷有限公司
发行	中国科学技术大学出版社
经销	全国新华书店
开本	880 mm × 1230 mm　1/32
印张	8.25
字数	185千
版次	2020年5月第1版
印次	2020年5月第1次印刷
定价	40.00元

总序

中国是世界文明古国之一，在漫长的历史岁月中，她曾经创造出举世闻名的政治、经济、文化、科技文明成果。这些物质文明与精神文明的优秀成果，既是中国古代各族人民在长期生产活动实践和社会生活活动中所形成的诸多智慧创造与技术应用的结晶；同时，这些成果的推广与普及，又作用于人们的日常生产与生活，使之更加丰富多彩，更具科技、文化、艺术的魅力。

中国古代社会生活，不仅内容宏富，绚丽多姿，而且源远流长，传承有序。作为一门学科，中国社会生活史是以中国历史流程中带有宽泛内约意义的社会生活运作事象作为研究内容的，它是历史学的一个重要分支，有助于人们更全面、更形象地认识历史原貌。关于生活史在历史学中的地位，英国著名历史学家哈罗德·铂金曾如是说："灰姑娘变成了一位公主，即使政治史和经济史不允许她取得独立地位，她也算得上是历史研究中的皇后。"（蔡少卿《再现过去：社会史的理论视野》）

然而这位"皇后"在中国却历尽坎坷，步履维艰。她或为其他学科的绿荫所遮盖，或为时代风暴扬起的尘沙所掩蔽，使得中国社会生活史没有坚实的理论基础，也没有必要的历史资料，对其的整体性研究尤其薄弱，甚至今日提到"生活史"这个词，许多人仍不乏茫然之感。

　　社会生活史作为历史学的一个分支在中国兴起,虽只是20世纪20年代以来的事,但其萌芽却可追溯至古代。中国古代史学家治史,都十分注意搜集、整理有关社会生活方面的史料。如孔子辑集的《诗经》,采诗以观民风,凡邑聚分布迁移、氏族家族组织、衣食住行、劳动场景、男女恋情婚媾、风尚礼俗等,均有披露。《十三经》中的《礼记》《仪礼》,对古代社会的宗法制、庙制、丧葬制、婚媾、人际交往、穿着时尚、生儿育女、敬老养老、起居仪节等社会生活资料,做了繁缛纳范,可谓是一本贵族立身处世的生活手册。司马迁在《史记·货殖列传》中描述了全国20多个地区的风土人情:临淄地区,"其俗宽缓阔达,而足智。好议论,地重,难动摇,怯于众斗,勇于持刺,故多劫人者";长安地区,"四方辐辏并至而会,地小人众,故其民益玩巧而事末也"。他并非仅仅罗列现象,还力图作出自认为言之成理的说明。如他在解释代北民情为何"慓悍"时说,这里"迫近北夷,师旅亟往,中国委输时有奇羡。其民羯羠不均"。而齐地人民"地重,难动摇"的原因在于这里的自然环境和生产状况是"宜桑麻"耕种。这些出自古人有意无意拾掇下的社会生活史素材,对揭示丰富多彩的历史演进中的外在表象和内在规律,无疑具有积极意义,将其视作有关社会生活研究的有机部分,似也未尝不可。

　　社会生活史作为一门学科,则是伴随着20世纪初社会学的兴起而出现于西方的。开风气之先的是法国的"年鉴学派"。他们主张从人们的日常生活出发,追踪一个社会物质文明的发展过程,进而分析社会的经济生活和结构以及全部社会的精神状态。"年鉴学派"的代表人物雅克·勒维尔在《法国史》一书中指出:重要的社会制度的演变、改革以及革命等历史内容虽然重要,但是,"法国历史从此以后也是耕地形式和家庭结构的历史,食品的历史,梦想和爱情方式的历史"。史学家布罗代尔在其《15至18世纪的物质文明、经济和资本主义》一书中,将第一卷命名为"日常生活的结构",叙述了15至18世纪世界人口的分布和生长规律,各地居民的日常起居、食品结构以及服饰、技术的发展和货币状况,表明他对社会生活是高度关注的。而历史学家米什列在《法兰西史》一书的序言中则直接对以往历史学的缺陷进行了抨击:第一,在物质方面,它只看到人的出身和地位,看不到地理、气候、食物等因素对人的影响;第二,在精神方面,它只谈君主和政治行为,而忽视了观念、习俗以及民族灵魂的内在作用。"年鉴学派"主张把新的观念和方法引入历史研究领域,其理论不仅震撼了法国史学界,而且深刻影响了整个现代西方史学的发展。

在20世纪初"西学东渐"的大潮中,社会生活史研究与方法也被介绍到中国,并迅速蔚成风气,首先呼吁重视社会生活史研究的是梁启超。他在《中国史叙论》中激烈地抨击旧史"不过记述一二有权力者兴亡隆替之事,虽名为史,实不过是帝王家谱",指出:"匹夫匹妇"的"日用饮食之活动",对"一社会、一时代之共同心理、共同习惯"的形成,极具重要意义。为此,他在拟订中国史提纲时,专门列入了"衣食住等状况""货币使用、所有权之保护、救济政策之实施"以及"人口增殖迁转之状况"(梁启超《饮冰室合集·文集》)等社会生活内容,从而开启了中国社会生活史研究的新局面。

在20世纪二三十年代,我国史学界的诸多研究者都涉足了中国社会生活史研究领域,分别从社会学、民族学、民俗学、历史学、文化学的角度,对古代社会各阶层人们的物质、精神、

民俗、生产、科技、风尚生活的状况进行探究，并取得了丰硕的成果。但这一研究的真正全面展开，却是20世纪80年代以来的事情。在此时期，社会生活史研究这位"皇后"在经历了时代的风风雨雨之后，终于走出"冷宫"，重见天日，成为史苑里的一株奇葩，成为近年来中国史学研究繁荣的显著标志。社会生活史研究的复兴，反映了史学思想的巨大变革：一方面，它体现了人的价值日益受到了重视，把"自上而下"看历史变为"自下而上"看历史，这是一种全新的历史观。另一方面，它表明人类文化，不仅是思想的精彩绝伦和文物制度的美好绝妙，而且深深地植根于社会生活之中。如果没有社会生活这片"沃土"的浸润，人类文化将失去生命力。

尽管近年来中国社会生活史的研究取得了长足的发展，但与政治史、制度史、经济史等研究领域相比，其研究还是相对薄弱的。个中原因可能是多方面的，但与人们的治史理念不无关系。

我们一直认为，史学研究应当坚持"三个面向"，即面向大众、面向生活、面向社会。"面向大众"就是"眼睛向下看"，去关注社会下层的人与事；"面向生活"就是走近社会大众的生活状态，包括生活习惯、社会心理、风俗民情、经济生活等等；"面向社会"则是强调治史者要有现实关怀，史学研究要为经济社会发展提供智力支持。而近年来我总感到，当下的史学研究有时有点像得了"自闭症"，常常孤芳自赏，将自己封闭在学术的象牙塔里，抱着"精英阶层"的傲慢，进行着所谓"纯学理性"探究，责难非专业人士对知识的缺失。在这里，我并非否定进行学术性探究的必要性，毕竟探求历史的本真是史学研究的第一要务，而且探求历史的真相，就如同计算圆周率，永无穷期。但是,如果我们的史学研究不能够启迪当世、昭示未来,不能够通过对历史的讲述去构建一种对国家的认同,史学作品不能够成为启迪读者的向导,相反却自顾自地远离公众领域,远离社会大众,使历史成为纯粹精英的历史,成为干瘪的没血没肉的历史,成为冷冰冰的没有温情的历史,自然也就成了人们不愿接近的历史,这样的学术研究还会有生机吗?因此,我觉得我们的史学研究要转向(当然这方面已有许多学者做得很好了),治史者要有人文情怀,要着力打捞下层的历史,多写一些雅俗共赏、有亲和力的著作。总之一句话,我们的史学研究要"接地气",这样,我们的研究工作才有意义。

2017年1月,中共中央办公厅、国务院办公厅印发的《关于实施中华优秀传统文化传承发展工程的意见》指出:"文化是民族的血脉,是人民的精神家园。文化自信是更基本、更深层、更持久的力量。"中华民族优秀传统文化中独特的理念、智慧、气度、神韵,增添了中国人民和中华民族内心深处的自信和自豪。那么,我们坚持"文化自信"的底气在哪里?我想,博大精深的优秀传统文化以及在其基础上的继承和发展,夯实了我们进行文化建设的根基,奠定了我们文化自信的强大底气。正是基于这样的思考,我们编写了"漫画版中国传统社会生活"丛书。

我们编写这套丛书,就是想重拾远逝的文化记忆,呼唤人们对传统社会生活的关注。丛书内容分别涉及饮食、服饰、居住、节庆、礼俗、娱乐等方面。这些生活事象,看似细碎、平凡,却蕴含着丰富的文化和智慧,而且通过世代相传,已渗透到中国人的意识深处。

这是一套雅俗共赏的读物。作者在尊重历史事实,保证

科学性、学术性的前提下，用准确简洁、引人入胜的文字并与漫画相结合的艺术手法，把色彩缤纷的社会生活花絮与历史长河中波涛起伏的洪流结合在一起描述，让广大读者通过生动活泼的形式，了解先民生活的方方面面，进而加深对中华民族和中国人的了解。这种了解，是我们创造未来的资源和力量，也是我们坚持文化自信的根基。

庄华峰

2019 年 10 月 12 日

于江城怡墨斋

目录

总序　　i

一　食物种种　001

主食 ···002

　　稷 / 002　　黍 / 003　　麦 / 003　　菽 / 005　　稻 / 005

　　粥 / 007　　饭 / 008　　饼 / 010　　点心 / 013

菜肴 ···015

　　肉类 / 015　　蔬果 / 019　　调料 / 024

二　节日美食　029

春节美食 ···030

元宵节与元宵 ··038

寒食与"寒具" ···042

端午与粽子 ··046

七夕与"巧果" ···049

中秋与月饼 ··051

重阳与花糕 ··056

腊日与腊八粥 ··060

三 美食美器 065

古代的炊具 ·· 066

鼎 / 066　　镬 / 067　　鬲 / 067　　甗 / 068　　釜 / 068

鏊 / 070　　甑 / 070　　笼 / 071　　甂 / 071

古代的餐具 ·· 072

盘 / 072　　簋 / 073　　簠 / 073　　敦 / 073　　盂 / 074

盌 / 074　　豆 / 075　　箪 / 075　　案 / 075　　筷子 / 076

古代的饮具 ·· 078

尊 / 078　　爵 / 079　　角 / 079　　斝 / 080　　觥 / 080

觯 / 080　　瓢 / 081　　卮 / 081　　彝 / 081　　罍 / 082

盉 / 082　　缶 / 082　　杯 / 083　　壶 / 084

美食美器的和谐统一 ······························ 085

四 壶边茶话 091

茶的起源与发展 ···································· 092

茶圣与《茶经》 ···································· 104

茶叶的种类与功效 ································ 108

绿茶 / 108　　红茶 / 108　　乌龙茶 / 109　　白茶 / 109

黑茶 / 109　　紧压茶 / 110　　花茶 / 110

茶俗 ·· 111

五 酒中三昧 117

酒的发明 ·· 118

酒的功用 ·· 123

酒祸与酒禁 ······································ 134

酒祸 / 134　　酒禁 / 135

六　亦食亦药　139

五味与保健 ·······················140

医食并重 ·······················141

　　菜肴 / 143　　药粥 / 144　　点心 / 145　　饮料汁液 / 147

食治方法 ·······················149

　　因人而膳 / 149　　因时而膳 / 150　　因地而膳 / 151

饮食宜忌 ·······················152

　　食物与食物之间的宜忌 / 153　　药食禁忌 / 154

七　饮食礼俗　155

宴饮之礼 ·······················156

　　礼的起源与宴饮之礼 / 156　　乡饮酒礼中的宴饮之礼 / 160

　　燕礼之中的宴饮之礼 / 165　　人生礼俗中的饮食礼仪 / 168

待客之礼 ·······················173

　　座次安排 / 173　　待客礼节 / 178

进食之礼 ·······················180

饮食与节俭之风 ·······················183

饮食与教化 ·······················191

　　不吃,是一种品质 / 192

　　吃是一种尊严,不给吃,后果很严重 / 193

　　吃不了兜着走,是一种孝道 / 194

　　宴会不简单,午餐不免费 / 196

八 吃的艺术 201

味之精 202

形之特 206

器之美 209

境之雅 213

咏之妙 219

九 中西合璧 235

"舌尖中国"在海外 236

西餐东渐 240

中西饮食文化的融合 244

参考文献 249

后记 250

一 食物种种

　　每一个民族饮食习俗的形成，都与该民族的社会经济发展状况密不可分。在我国古代，由于汉民族社会经济和文化发展的程度较高，因而其饮食生活也较丰富多彩，在食物方面以五谷、熟食、素食为主，肉食、蔬菜为辅，讲究五味调和。游牧民族则多以肉食和奶制品为主，五谷为辅，这与其地处"天苍苍，野茫茫，风吹草低见牛羊"的地域、地貌有关。由于我国各民族的食物都十分丰富，因而利用这些食物进行加工烹饪的主食和菜肴亦花样繁多，美不胜收。

主　食

以谷粒制成的食品为主食,是古代农业民族共同的饮食特征。我国自周朝进入农业社会以后,汉民族就以粮食作物为主食。粮食作物的种类很多,以"五谷"为主。所谓"五谷",指的是稷、黍、麦、菽、稻五种作物。

稷

稷是黍的一个变种,一般指籽实不黏或黏性不及黍者。北方人称它为谷子,就是今天的小米。由于它抗旱能力极强,所以多栽培于古代的中原地区,成为北方地区一种最为普遍的粮食作物。正由于这样的原因,周人把自己的祖先称为后稷(谷神)。又由于我国古代长期以农业为立国之本,所以将帝王、诸侯祭祀的稷与社(土神)并称为社稷,用以作为国家政权的象征。就像《白虎通·社稷》中所说的:"王者所以有社稷何? 为天下求福报功。人非土不立,非谷不食。土地广博,不可遍敬也;五谷之多,不可一一祭也。故封土立社,示有土尊;稷,五谷之长,故立稷而祭之也。"这段话的意思是说,帝王诸侯为什么要祭祀社神与稷神? 是要为天下求福。没有土地人们如何生存? 没有谷物人们吃什么? 土地广袤,谷物种类太多,祭祀不过来,所以就选择了社神和稷神作为代表,祭祀它们以表示虔敬。可见,稷的突出地位是由它对人们生活的重要性决定的。

稷

黍

黍,古代文献或称之为"穄",今西北地区称之为黍子、糜子,籽实呈黄色,性黏,去皮后称黄米子。在古代,黍常与稷连读为黍稷。据先秦时期的文字资料记载,在商周时代,黍与稷并列为最重要的粮食作物。据于省吾、齐思和等学者研究,在殷墟卜辞中,卜黍之辞达106条,其出现频率较其他粮食作物要高得多;到春秋时代,黍的地位仍然居于前茅。

麦

麦,在中国栽培很早,考古工作者在安徽亳县(今亳州市)钓鱼台遗址中发现的炭化小麦粒,距今约有三千年。麦子的种类很多,有大麦、小麦、燕麦、黑麦等。其中,小麦和大麦,上

古时又称为来（小麦）和麰（大麦），种植最为普遍。《诗经·周颂·思文》载："贻我来麰，帝命率育。"意为天帝赐给周朝以小麦、大麦，命令武王遵循后稷（周的始祖）以稼穑养育万民的功业。把来、麰写入神话并和周朝的延续与扩大联系起来，可见这类作物与人们的生活有着密不可分的关系。

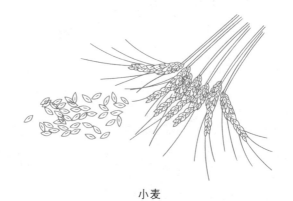

小麦

揉面厨婢图

（据辽墓壁画绘制）

菽

菽，豆类的总称，其栽培的历史十分悠久。周代的大豆产量很大，《诗经·小雅·采菽》载："采菽采菽，筐之筥之。"即描写大豆收成的时候，一筥筐一筥筐搬个不停。又据《山海经》记载，"阴山产赤菽，皋山……多累"，这里的"赤菽"就是红豆；累，就是虎豆，大约就是我们今天所说的蚕豆。菽主要用作食粮，但豆子粒食，不易被消化、吸收，浪费很大。石磨发明以后，人们就开始将它磨成浆来利用，这样便出现了豆腐。大约唐宋以后，菽开始被用作油料。

稻

稻即水稻，古时也称为稌，自古为我国主要粮食作物之一。据考古资料显示，在浙江余姚河姆渡遗址中发现的稻谷

水稻

粒,距今约有五千年的历史。不过,水稻在全国粮食中并不占主要地位。尤其在北方,水稻被视为珍品,所以《论语·阳货》有"食夫稻,衣夫锦,于汝安乎"之说,说明当时食稻是同衣锦一样珍贵的。

先秦时期,除"五谷"以外作为粮食的还有苽、麻、芋芳、鸡谷等不少杂粮。苽,一名蒋,籽实为狭圆柱形,状如米粒,称苽米,也叫雕胡、安胡等,用以煮饭,香脆可口,被古人视作天下美食。唐代诗人李白《宿五松山下荀媪家》一诗中有"跪进雕胡饭,月光明素盘"之句。这"月光明素盘"就是形容那洁白的苽米把盛饭的盘子都照亮了。麻是我国古老的农作物之一,因其籽可以充饥,所以被列为谷类。后来虽从主食中退出,但仍长期沿用为秋祭仪式中的祭品。芋芳在夏商周时期的杂粮中占有重要地位,盛产于四川及两湖一带。当时川西方言称芋芳为"蹲鸱",川西一带曾以它为主食。楚国官职中有个"芋尹",就是专管种植芋芳的,可见芋芳在南方粮食生产中的重要地位了。鸡谷是一种草木杂粮,《山海经·中山经》载:"兔牀之山……其草多鸡谷,其本(根茎)如鸡卵,其味酸甘,食者利于人。"这种根茎,可能就是今天的甘薯。

到两汉时期,粮食作物的品种进一步扩大,除先秦时期已有的品种外,还有高粱、青稞、荞麦、糜子和多种豆类。至此,后世的粮食作物就基本具备了。

中国古代的饮食结构,一直遵循"五谷为养"的传统,以稻麦为主,兼吃杂粮。其食用方式则主要是制作成粥、饭、饼、点心等,以便食用。

粥

宋人高承《事物纪原》卷九载,黄帝的时候就用谷来熬粥,说明我国上古时代就已有粥。粥是把米煮烂而成的一种饭食,厚者叫"饘(zhān)",薄者叫"酏(yǐ)"。粥类食用十分普及,品种繁多。宋人周密《武林旧事》一书就记载有七宝素粥、绿豆粥、馓子粥、五味粥、粟米粥、糖豆粥、糖粥、糕粥等品种。在古代,粥品除了一般食用外,或许还有三个方面的特殊作用。

一是为了节省粮食。在农闲季节,体力劳动强度不大,古人为了节约粮食,多以吃粥度日。这种情况在经济落后地区更是如此。宋代海南地区,土地大多荒芜,所产粮食满足不了人们的需要,于是以芋入粥以取饱(宋赵适《诸蕃志·下》)。所以在古代社会,食粥曾被视作贫穷的象征。北宋著名政治家、文学家范仲淹,年少时家境贫寒,住在寺庙里发奋苦读,每天熬一锅稀粥,冷凝后分作四块,早晚各两块,用切碎的咸菜佐餐。

二是为了调养滋补身体。南宋诗人陆游认为吃粥可以"成仙",他在《食粥》诗中写道:

世人个个学长年,
不悟长年在目前。
我得宛丘平易法,
只将食粥致神仙。

南宋诗人范成大的《口数粥行》诗中是这样称道豆粥的:

家家腊月二十五，淅米如珠和豆煮。

大杓鐪铛分口数，疫鬼闻香走无处。

馊姜屑桂浇蔗糖，滑甘无比胜黄粱。

全家团栾罢晚饭，在远行人亦留分。

襁褓中孩子强教尝，余波遍沾获与臧。

新元叶气调玉烛，天行已过来万福。

物无疵疠年谷熟，长向腊残分豆粥。

这里描述的是旧俗腊月二十五吴人以赤豆杂米煮粥，合家同食的情景。如家有外出之人，亦必为其留份。虽襁褓小儿、猫、犬之类，也一定数口备之，称"口数粥"，也就是赤小豆粥。它与冬至粥一样，也是为了防治瘟病，并非为食味。明代医家李时珍在《本草纲目》中列出近六十种粥的名称，并记述了它们的制作方法与食疗功效。

三是为了救济饥民。这主要表现在灾荒之年，粥往往成为饥民们的救命之食。封建官吏、寺观僧道或开明富绅往往在饥荒时，设置粥棚，向无家可归的难民们施舍米粥，使他们得以存活。这方面的记载比比皆是，可见粥在中国古代社会的地位与影响。

饭

饭，古时泛指用各种谷物制熟的颗粒疏松干爽的食品。中国古代的饭大体上采用两种方式烹饪而成，一是甑蒸，二是釜煮，以前者为多见。而饭的品种名目则相当多，其中传统的名饭有唐人徐坚《初学记》中的粟饭、九谷饭、宋人林洪《山家清供》中的蟠桃饭,陆游《老学庵笔记》中的团油饭,陶谷《清异录》中的清风饭,明代李时珍《本草纲目》中的寒食饭、荷叶饭,清代汪曰桢《湖雅》中的蒸谷饭、炒谷饭(所谓蒸谷饭和炒谷饭,是指浙江湖州一带的"贡品",用带壳的稻谷先蒸炒,脱壳后再做成的饭)等。

由于蒸煮饭用粮要比煮粥多出两三倍,所以,在先秦时期,干饭大多为上层社会食用。一般贫困之家,粮食不足,不可能顿顿都能吃到干饭,只有逢年过节或婚丧祭祀之时,才能吃上几顿干饭。这种情况,直到汉晋时代才有明显改变,因为那时的生产力水平已大大提高,粮食相对充足,干饭也就成为最普通的食物了。魏晋以后,石磨开始普遍使用。由于将麦子、小米加工成粉状能够做成各种各样的面食,且味道要比单纯地蒸煮米粒、麦粒好得多,因此食用面粉制品蔚成风气。尤

磨面俑

(参考唐代磨面俑绘制)

其是在以种植小麦为主的北方，面食更为人们所青睐，从此面食取代了蒸饭的主导地位，成为北方人的主食，而南方则因为稻米磨成粉状并不比粒状好吃，所以食用蒸饭的习惯一直保留了下来。

饼

在我国古代，"饼"是各类面粉制品的总称。"面"是指用麦类或其他谷类磨成的细粉。饼在我国先秦时期已经食用，有的学者认为到汉代才有饼，这一看法并不确切。早在新石器时代的河南裴里岗遗址就出土了磨盘、磨棒，说明我国加工面粉的技术已有悠久的历史。最晚到战国时已有关于饼的明确记载，《墨子·耕柱篇》载："见人之作饼，则还然而窃之。"到了汉初，食饼之事已较为多见。相传汉高祖的父亲刘太公不习惯过宫廷生活，刘邦便按照家乡的格局为他建了一个新丰邑。不但街道、房屋、鸡犬一仍其旧，就连当地的酒肆、饼铺也都照样搬来。由此可见当地吃饼的习俗已很流行。魏晋以后，饼的花样层出不穷。其中最为普遍的、经常食用的有以下几种：

一是蒸饼。也叫炊饼，是用笼屉蒸制而成的食品。宋人吴处厚《青箱杂记》记道："仁宗庙讳贞（应作"祯"），语讹近蒸，今内庭上下皆呼蒸饼为炊饼。"就是说，因为宋仁宗名叫赵祯，"祯"与"蒸"音近，时人为了避讳，便把蒸饼改称为炊饼。这种饼相当于后世所说的馒头。其名最早见于《晋书·何曾传》："蒸饼上不坼十字不食。"意即蒸饼上不蒸出十字裂纹就不吃。这种裂纹蒸饼，实际就是面粉经过发酵后，蒸出来很松软适口的"开花馒头"。十六国后赵石虎"好食蒸饼",并且吃法更为讲究,"常以干枣、胡核瓤为心蒸之,使坼裂方食"(《太平御览·赵录》)。石虎吃的这种夹入果肉的蒸饼,实际上已是"包子"的雏形。不过包子是到宋代才普遍食用的。

二是汤饼。就是在汤水中煮熟的面食。汤饼还有"索饼""煮饼""水引饼""水溲饼""馉""馎饦"等名称。汉代已有汤饼。《汉书·百官公卿表》记载,汉代掌管皇帝后勤的长官少府,其属官有"汤官",专门负责汤饼等面食的供应。东汉质帝就是被外戚梁冀"令左右进鸩加煮饼"而毒死的(《后汉书·梁冀传》)。晋朝束皙《饼赋》曰:"玄冬猛寒,清晨之会。涕冻鼻中,霜成口外。充虚解战,汤饼为最。"也就是说,在吐气成霜的寒冬的早晨,最能够充饥暖胃的,还是一碗热气腾腾的汤饼。这说明汤饼在当时是人们最喜食的面食之一。其做法

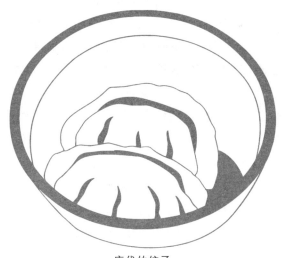

唐代的饺子

(参考吐鲁番阿斯塔那古墓出土物绘制)

极为简单，用一只手托面，另一只手往锅里撕片。后来有了擀面杖，不再用手托了，所以叫"不托"，讹为"馎饦"。到唐宋元明时期，原始形态的汤饼已不复见，而衍化成更加可口易食的面条、挂面、馄饨、水饺等。所以，古代的汤饼就是现今各种水煮面食的先驱。

三是胡饼。根据刘熙《释名·释饮食》的解释，胡饼乃是由于其表面撒有一层胡麻（即芝麻，原产于西域，中原人称之为胡麻）而得名。但似乎也与其制法出于"胡"地有关。胡饼是在专门的炉中烤制而成的，咸香酥脆，一经传入中原，便深受各界的欢迎，而且经久不衰。东汉时，"灵帝好胡饼，京师皆食胡饼"（《太平御览》卷八百六十引）。可见当时从上到下都很喜欢吃胡饼。魏晋之际，中原多胡人，因而食胡饼之风大为流行，只是因为后赵皇帝石勒忌讳"胡"字，民间遂改称胡饼为"麻饼"。当时的南方也普遍吃胡饼。西晋时人王长文，"于成都市中蹲踞啮胡饼"（《晋书·王长文传》），这是西南地区在吃胡饼。东晋书法家王羲之少时曾"坦腹东床啮胡饼"，这是江东地区在吃胡饼。对于王羲之吃胡饼，《世说新语·雅量》中有生动描述：太傅郗鉴在京口，派他的门生送给丞相王导一封信，求王丞相的儿子给他做女婿。王丞相就对郗鉴的信使说："您去东厢房任意挑选吧。"门生回来后，向郗鉴报告说："王家的公子都很好，听说来选女婿，个个都很严肃端庄。只有一位公子睡在床上，好像没听说选女婿这回事一样。"郗公说："正是这一位最好！"一打听，原来是逸少（王羲之字逸少），于是便把女儿嫁给了他。到了唐代，胡饼更是声名大噪，尤其是长安一带的胡饼，因其香脆可口而名播天下，以至外地的人们都要仿照京师的式样和制法，唐代诗人白居易《寄胡饼与杨万州》正反映了这一情况。诗云：

> 胡麻饼样学京都，
> 面脆油香新出炉。
> 寄与饥馋杨大使，
> 尝看得似辅兴无？

此外，还有油炸的油饼、薄脆以及烙饼、煎饼、春饼、月饼、桂花饼等，都是由来已久的。

点心

本指正餐以前稍进食物以使饥肠略安。唐人孙颀《幻异志·板桥三娘子》曰："置新作烧饼于食床上，与诸客点心。"宋人庄季裕《鸡肋篇》曰："上微觉馁，孙见之，即出怀中蒸饼云：'可以点心。'"这些记载都说明"点心"是动词，本义是略进食物以安慰饥肠的意思。后来点心又成了一切小食的代称。宋人吴自牧《梦粱录·天晓诸人出市》曰："有卖烧饼、蒸饼、糍糕、雪糕等点心者，以赶早市，直至饭前方罢。"这里的"点心"则成了名词，乃各种小吃食品的总称。点心的花色在六朝以前还很少，但到了唐宋，花样就极其丰富了。吴自牧在《梦粱录》中记下当时杭州市面上的点心就有八十多种：四色馒头、细馅大包子、卖米薄皮春茧、生馅馒头、馂子、笑靥儿、金银炙焦牡丹饼、杂色煎花馒头、枣箍荷叶饼、芙蓉饼、菊花饼、月饼、梅花饼、开炉饼、寿带龟仙桃、子母春茧、子母龟、子母仙桃、圆欢喜、骆驼蹄、糖蜜果实、果食将军、肉果食、重阳糕、肉

丝糕、水晶包儿、笋肉包儿、虾鱼包儿、江鱼包儿、蟹肉包儿、鹅鸭包儿、鹅眉夹儿、十色小从食、细馅夹儿、笋肉夹儿、油炸夹儿、金铤夹儿、江鱼夹儿、甘露饼、肉油饼、假肉馒头、糖肉馒头、羊肉馒头、太学馒头、笋肉馒头、鱼肉馒头、蟹肉馒头、肉酸馅、千层儿、炊饼、鹅弹……丰糖糕、乳糕、栗糕、镜面糕、枣糕、乳饼……山药元子、珍珠元子、金橘水团、澄粉水团、拍花糕、糖蜜糕、裹蒸粽子、栗粽、金铤裹蒸茭粽、糖蜜韵果、巧粽、豆团、麻团、糍团、糖蜜酥皮烧饼、夹子、薄脆、常熟糍糕、春饼、芥饼，等等。由此可见，当时的点心是极其丰富的。

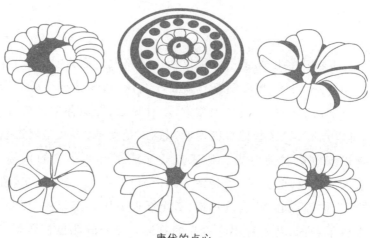

唐代的点心

（参考吐鲁番阿斯塔那古墓出土物绘制）

菜　肴

在古代,菜肴又称肴羞、肴核。肴是指鱼肉等荤菜,羞是指美味食品,核是指蔬菜果核食品,所以,菜肴即是经过烹饪调制而成的与主食搭配摄用的荤素菜的总称。

洗烫家禽图

（参考魏晋砖画绘制）

中国古代菜肴的原料十分丰富,大致可分为肉类、蔬果、调料三类。

肉类

肉类来自畜牧业、狩猎和渔业。畜牧业从新石器时代就

已开始发展,到商、周时已初具规模。《周礼·天官冢宰·膳夫》中有"凡王之馈,……膳用六牲"之说。六牲,指牛、羊、豕、马、犬、鸡。这六牲在《诗经》中也多次提到。六牲之中除了马以外,其余五种再加上鱼,就构成了我国古代肉食的主要部分。中国是一个以农业种植为主的国家,在饮食生活中肉食的比重一直比粮食低得多。所以能经常吃上肉的仅为社会上层人士,而广大下层人民一般只能在年节或庆典之日才能吃上肉。《盐铁论·散不足》曰:"古者……非乡饮酒、媵腊、祭祀无酒肉。故诸侯无故不杀牛羊,大夫无故不杀犬豕。"所说的就是这种情况的写照。肉食中除牛、羊、猪外,狗也是肉食的主要来源之一。羊、猪是最普通的肉食,牛则因为是农业生产的重要工具,饲养周期长,所以平时不轻易吃牛肉,而只在祭祀时才杀牛,牛肉也因此比较珍贵。《左传·僖公三十三年》记道:秦国军队偷袭郑国,郑国商人弦高路遇秦军,遂以"牛十二犒师"。给几万秦国军队只送十二头牛,这在今天看来实在微不足道,但在当时,十二头牛就是一大笔厚礼了。在中国古代,狗在狩猎和守护方面发挥着重要作用,狗又可以自己觅食。因此,狗被大量喂养。狗肉成为人们很喜欢吃的佳肴,屠狗也因此成为一个专门的职业,历史上不少有名的人物如大侠聂政、刘邦的大将樊哙都以屠狗为事(《史记·刺客列传》《汉书·樊哙传》)。《水浒传》中的英雄们几乎都爱吃狗肉。

在中国,烧烤做肉食的历史非常悠久。据考古发现证明,大约在距今六十万年前,北京周口店人就已经学会用柴火烧烤肉食品了。商周以降,烧烤肉食品的实践活动更为普遍,其常见的方法有炙、脍、醢、脯以及羹。

炙就是烤肉,方法有三,或直接放入火中烧,或用器物串起来架在火上烧烤,或将肉用泥巴封起来置于火上烧熟。《孟子·尽心下》载:"公孙丑问曰:'脍炙与羊枣孰美?'孟子曰:'脍炙哉!'"可见脍炙是为当时人们所青睐的肉食,后来遂形成了"脍炙人口"的成语。典籍中有关描述脍炙好吃的记载比比皆是,但写得言简意赅、生动形象的莫过于《礼记·曲礼上》中的"毋嚃炙"三个字。嚃,原意为吮吸,这里指一口吞下。《礼记》意在告诉人们食用脍炙时需细嚼慢咽,方合礼法。如狼吞虎咽,显出贪婪之相,既丧廉耻,也是对同席的不敬。炙的味道之美,由此可见一斑。

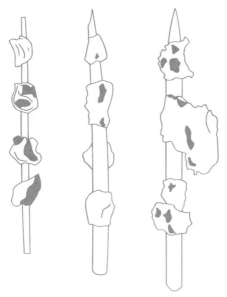

烤肉串

(参考宁夏汉墓出土物绘制)

古人"吃烧烤"砖画

（参考嘉峪关魏晋墓出土物绘制）

　　脍是指将鱼肉或牛、羊、鹿、麋等新鲜细嫩的肉切成薄片，加入调料生食的食品。脍品早在先秦时期就已经出现了。《礼记》《仪礼》中详细地记载了脍品的选料、调味和食用的情况。进入汉魏以后，食脍蔚成风气。当时脍的原料大多是鱼，而且要用鲜鱼、活鱼。由于鱼是脍的主要原料，因而当时人们对鱼的品类要求也就日益讲究，鲈鱼、鲻鱼、鲫鱼等被认为是脍的优质原料。从汉代到唐代，脍品便由生食改为熟食了。

　　醢是以肉类为主料制成的酱，滥觞于夏、商时代。周代至春秋战国时期，其制法大大改进。即先将肉制成干，然后铡碎，用粱米制成的酒曲和盐搅拌，再用好酒渍，密封于瓶子中，经过百日而成。

　　脯即干肉，是我国古代对肉类加工、保藏的古老方法之一，也是古代最常用的一种肉食。《说文》载："脯，干肉也。"《汉书·东方朔传》载："朔曰：生肉为脍，干肉为脯。"都指出了其为干肉的特征。先秦时期,脯品是祭祀和宴会上必备的食品之一。《礼记·内则》记载天子、诸侯的宴会上的脯腊食品中就有牛脩、鹿脯、麋脯、田豕脯等。后代制脯的原料日益增加。现在腌咸肉、云南做的牛干巴都是脯的简化。脯又叫脩,这是因为脯为条状。古书里常说的束脩就是成捆的脯。

羹是以肉加五味煮成的肉汁。《说文》载:"羹,五味盉(和)羹也。"古时用以做羹的肉种类很多,除牛羊豕三牲外,犬、鸡、豺、熊、蛙、鼋、鹑、蟹、鱼等均可做羹。羹的特点是五味调和,因此又叫和羹。和,调和、协和。商五武丁(殷高宗)擢傅说为相时,曾以烹制和羹作比方,要傅说同心合力辅佐君主治国理政。后因喻君臣之间相反相成的关系。《左传·昭公二十年》载:"和如羹也,水、火、醯、醢、盐、梅以烹鱼肉。……君臣亦然,君所谓可,而有否焉;臣献其否,以成其可。"意思是说,和谐就像做肉羹,用水、火、醋、酱、盐、梅来烹调鱼和肉。……国君和臣下的关系也是这样。国君认为可以的,其中也包含了不可以,臣下进言指出不可以的,使可以的更加充备。反之亦然。需指出的是,以肉为主而做羹,这是"肉食者"即贵族们吃的,至于贫苦人,则只能吃藜羹、菜羹、藿羹,就是用野菜煮成糊糊以充饥。同名为羹,其实这中间是有天壤之别的。

蔬果

蔬菜和水果是中国古代饮食结构中的重要内容。中国以农立国,蔬果具有悠久的历史与传统,几与主食相辅相成。蔬果是人类日常饮食所必需的多种维生素和矿物质的主要来

源,因此,食用一定量的蔬菜水果对于抵抗疾病,维持体液酸碱平衡和消化机能的正常运转,保证和增进机体健康,是必要的。《黄帝内经·太素》卷二载:"五谷为养,五果为助,五畜为益,五菜为充,……以养精益气",说明古人很早就认识到了果与菜在饮食生活中的重要性。

中国蔬菜的栽培早在先秦时期就开始了,不过还处于初始阶段,因此人们吃的蔬菜主要还是来自采集,人工栽培的不多,而且品种较少。《诗经》中有不少诗歌提到当时人们吃的蔬菜。《豳风·七月》载:"六月食郁及薁,七月亨葵及菽。""七月食瓜,八月断壶,九月叔苴。采荼薪樗,食我农夫。"诗中的郁及薁,是属于李的不同品种;葵是当时的重要蔬菜;菽是豆叶,可作蔬菜食用;壶即葫芦;苴是一种青麻,捣成羹汁可食;荼,苦菜;樗,臭椿,可作为燃料。《小雅·采薇》载:"采薇采薇,薇亦作止。"薇,即豌豆苗,被视为蔬菜中的上品。《小雅·瓠叶》载:"幡幡瓠叶,采之亨之。"这瓠叶,就是葫芦叶,可作为蔬菜食用。《邶风·谷风》载:"谁谓荼苦,其甘如荠。""采葑采菲,无以下体。"荠,就是荠菜;葑,即芜菁,又名蔓菁,就是今人所说的大头菜;菲,亦名芴,是一种可供食用的观赏作物,形似芜菁、萝卜。先秦时期的蔬菜,除了《诗经》中提到的上述几种以外,还有瓜、芸、韭、姜、葱、蒜等。总的来看,这一时期蔬菜的种类是很少的。

汉唐时期随着蔬菜栽培技术的提高,疆域的扩大,周边少数民族进入中原和对外交通的开辟,蔬菜的品种大大增多,其途径大致有四:

其一,野生植物由采集逐渐走向驯化、栽培,马芹子(野茴香)等即是。

其二，异地品种不断传入。如苜蓿、胡瓜、胡葱、胡蒜、胡荽等由西域传入，菠菜来自泥波罗国（今尼泊尔），莴苣原产于西亚，隋代由呙国使者引入我国。

其三，培植新品种。如蕹菜、茄子、黄瓜等都是新培育的蔬菜，甚至还培植出了像番茄这样的浆果蔬菜。以前一直认为番茄是近百年来才由外国传入我国的，所以在它的前面加了个"番"字。近年在四川成都凤凰山的一座汉墓中发现了番茄种子，经过培育，这些在地下沉睡了两千多年的种子，居然还能萌芽茁株，证明确为番茄。不断的栽培选育还产生了许多新的蔬菜变种，如越瓜就是由甜瓜演变而来，菘（白菜）是"葑"的后代变种。

其四，开辟新的蔬菜生产领域。这主要表现在两方面：一是一些水生种类，这一时期有不少由野生走向人工栽培，如莲藕、鸡头、菱、莼菜等即是。二是食用菌（即俗言的蘑菇）的培养。《四时纂要》详尽地记载了食用菌的培育过程。这是我国食用菌培育的最早记载，在蔬菜栽培史以及中国饮食史上具有划时代的意义（梁家勉主编《中国农业科学技术史稿》）。汉唐以后，我国蔬菜的品种已大体稳定。

水果食品在古人饮食中也具有重要的地位。我国的果树已有数千年的栽培历史。浙江余姚河姆渡遗址出土有成堆的橡子、菱角、酸枣、桃子、薏仁米、菌类、藻类、葫芦等遗物，上海青浦崧泽遗址也出土有甜瓜、毛桃核、酸枣核、葫芦等水果种子。这些事实告诉我们，早在新石器时代的中后期，我国的先民就已经掌握了人工培植某些果树的技术。从先秦开始，水果的品种更加丰富了。《山海经》记载，先秦时期的果品有柿子、猕猴桃、桃、李、杏、海棠、梨、沙果、梅、枣、橘

等品种。《礼记·内则》除记有桃、李、杏、枣、柿、梅、梨以外,还有菱、棋(俗称"鸡距子",味甜)、栗、榛、瓜、山楂等品种。宋玉《楚辞·招魂》提到"柘浆",即甘蔗汁。《吕氏春秋·本味篇》还提到有芦柑、橘子、柚子等。《诗经》中提到的水果,除上述品种外,还有木瓜、桑甚等。当时,已经有了水果加工技术,如"煮梅""煮桃""蒸梨",可视为现代水果罐头的先河。

我国最早的"西瓜图"

(参考内蒙古敖汉旗洋山一号辽墓壁画绘制)

到了西汉,随着大一统局面的形成,各民族农业文化交流的加强和果树栽培技术的提高,加之"丝绸之路"开辟后南亚、中亚、西域果品的传入,中国的果树种类和品种显著增多。《史记·货殖列传》载:"安邑千树枣;燕、秦千树栗;蜀、汉、江陵千树橘……此其人皆与千户侯等。"由此可见,西汉中期已经出现一批专业化水平较高的大规模果园,其收益想必十分可观。汉代扬雄《蜀都赋》提到许多水果,除上述外,又有青苹、木瓜、黄甘、棠梨、离支(荔枝)、樱桃、楩橙等。

唐宋时期,水果的功用开始丰富起来。有的水果被当作茶余酒后的助兴佳品。《旧唐书·中宗纪》记载,中宗景龙四年(710年),"上游樱桃园,引中书门下五品以上诸司长官学士等人入芳林园尝樱桃。便令马上口摘,置酒为乐"。皇帝带着大臣在皇家樱桃园里搞采摘、专门开宴席品尝。有的被用于食疗,如《食疗本草》《千金要方》等唐代医著中大量采用果品用于食疗药膳。有的作为缺粮时的充饥物,据宋人陶谷《清异录》记载,晋王李克用于唐末任河东节度使时,曾以栗食军,故称"河东饭"。宋代以后,水果与饮食生活的关系更为密切。北宋开封的饮食店铺,果品的食用更非一般。除了酒饭肉蔬,有干果子、河北鸭梨、旋乌李、橄榄、龙眼、肉芽枣、甘蔗、枝头干、榛子、榧子等数十种果品供选用,其种类之广,南北诸果皆全;形式之多,包括生果、干果、熟果。宋代果食之盛由此可见一斑。南宋临安的上层社会还设有四司六局,专门筹办筵席,宴会宾客。其中专门设有"果子局",专门负责"装簇、盘钉、看果、时果,准备劝酒"(宋灌圃耐德翁《都城纪胜·四司六局》)。表明在当时果食入馔已是平常之事,它标志着水果食品在饮食结构中的地位进一步确立与定型。

调料

　　讲究色香味,强调"五味调和",是中国传统饮食文化的精髓,自古以来,中国人就很注意烹饪的调味。夏末商初的伊尹就是一位善于调味的厨艺大师。《吕氏春秋·本味》记载,伊尹以至味说汤,以烹饪喻政,指出动物按其气味可分作三类:生活在水里的味腥,食肉的味臊,吃草的味膻。尽管气味都不美,却都可以做成美味的佳肴,不过要用不同的烹饪方法才行。决定滋味的根本第一位是水,要靠酸、甜、苦、辣、咸五味和水、木、火三材来烹调。经过精心烹制的美味食物,才能达到久而不败、熟而不烂、甜而不过、酸而不烈、咸而不涩苦、辛而不刺激、淡而不寡味、肥而不腻口的境界。伊尹的论说使商

从厨子到宰相的伊尹

汤深受启发,随即任伊尹做阿衡(辅政之官,相当于宰相)。伊尹所创立的"五味调和说"与"火候论",奠定了我国烹饪理论的基础。在《周礼》等书中已经有了关于酸甜苦辣咸五味的记载。《周礼·天官冢宰·食医》规定:春天时应多加一分酸味,夏天时应多加一分苦味,秋天时应多加一分辣味,冬天时应多加一分咸味。这表明在先秦时代人们就已经懂得了调味品的搭配。从先秦时期的文献看,当时的调味品已相当丰富,除了最早的盐以外,天然的调味品有椒、苓(甘草)、芎(紫苏)、桂皮、茱萸、姜、韭、葱、蒜、薤、蓼等。

人工制作的调味品主要有酱、醋、豉、糖、油。

酱在中国古代烹饪中占有重要的地位,《颜注急就篇》载:"酱之为言将也,食之有酱,如军之须将,取其率领进导之也。"可见把它看作是调味的统帅。所以孔子说"不得其酱不食"(《论语·乡党》),充分说明酱在饮食中具有很重要的地位。

醋,本字作"醯"或"酢",亦称"苦酒",直到汉代才出现"醋"字。我国烹饪的酸味最初取自梅果,大约从周代起开始制醋。《周礼》中的"醯人"就是专门负责酿醋和腌菜的官员。当时的醋还只是供统治阶级享用的珍贵调味品。汉代以后,醋的生产与应用才日益普及,并逐渐取代梅而成为我国主要的酸味调料。到南北朝时期,我国的酿醋技术已十分发达,所用原料也十分广泛,几乎与现代酿醋所用原料相差无几。北魏人贾思勰在《齐民要术》一书中专门介绍了23种酿造醋的方法,令人赞叹,其中有些方法至今仍被沿用。

豉是一种咸味调味品。与酱、醋相比,豉的出现似乎较晚,先秦文献中未见记载。但在汉代豉的酿造和使用已比较

普遍,当时已有人以此为业并且成为巨富。到南北朝时期,豉的种类和制法已多种多样,这在《齐民要术·作豉法》中有详细记载。豉从诞生以来,就备受人们青睐。其生命力在于它能调和五味,可使菜肴增鲜生香,叫人爱吃,叫人离不开它。所以,汉代刘熙《释名·释饮食》载:"豉,嗜也。五味调和,须之而成,乃可甘嗜也。"把令人喜吃不厌作为这个字的含义来加以解释,可见豉是一种多么令人喜食的调味品。

在砂糖加工兴起之前,古代的甜味除了以蜜、枣、柿代替外,主要来自蜂蜜和饴饧(即麦芽糖)。中国种植甘蔗,熬制"柘(蔗)浆",至晚始于战国。三国时,中原仍制作这种"甘蔗饧"。及至唐初,由于唐太宗的关注,引进了印度的蔗糖加工技术,从此中国的蔗糖生产逐步发展起来。

油是重要的烹饪原料和调味品。我国是世界上最早使用食油和食用油类品种最齐全的国家。据文献记载,早在两千多年前的西周时期,食油即已用于烹饪。最早的食油是动物油,称作"脂(凝结状)"或"膏(溶解状)"。《礼记·内则》曰:"脂膏以膏之。"孔颖达曰:"凝者为脂,释者为膏。"当时常见的动物油有膏香(牛油)、膏臊(狗油)、膏腥(猪油,一说鸡油)、膏膻(羊油)等。其中不少至今仍是我国动物性食油的主要品种。将植物油用于饮食的最早记载见晋代张华的《博物志》,当时使用的是麻油。降及唐宋,麻油已成为极普通的食油品种,其中,以在北方地区最为流行。宋人沈括《梦溪笔谈》有"北方人,喜用麻油煎物,不论何物皆用油煎"之语。此外,宋人庄季裕《鸡肋编》还提到了山东、陕西一带常食用苍耳籽、红蓝花籽、杏仁、蔓菁籽等油料榨制的植物油。大约在16世纪中叶,从南洋群岛传入了花生,迅速普及全国,花生油很快成为颇受人们欢迎的食用油。至此,麻油、豆油、花生油、菜籽油、棉籽油等成为我国主要的食用油类。

在菜肴方面,中国还有一种特殊的副食——豆腐值得一提。豆腐是中国古代非常独特的饮食文化发明之一,其因营养极其丰富,不但受到我国各族人民欢迎,而且已风靡世界,为世界众多国家和地区的人民所共享,其意义是不可估量的。然而,我国究竟何时开始加工和食用豆腐,却是一个长期争论不休的话题。早在古代,关于豆腐的起源,就有不同的说法:一种意见认为,孔子的时代就已经有了豆腐;另一种意见认为,豆腐为西汉淮南王刘安所发明。前一种说法支持者甚少,对于后一种说法,由于豆腐之名直到宋代才出现,因而人们也一直怀疑西汉刘安发明豆腐之说。1961年,河南密县打虎亭

古代制作豆腐流程图

出土了汉代做豆腐的画像石，才为这个问题提供了考古学上的证据。这幅画像石上的做豆腐图，包括磨豆子、滤豆渣、压豆腐等工艺流程，与今天民间的传统做法极为相似。这一事实表明，我国的豆腐在汉代确已发明了。

豆腐的发明，开创了一条利用大豆植物蛋白质的新途径，同时也弥补了我国食物结构中动物蛋白不足的缺陷，这对两千年来中华民族的繁衍起了重大作用。

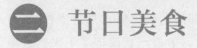

二 节日美食

    在中华民族历史悠久、文化灿烂的巨幅画卷中，节日风俗无疑是一道亮丽的风景。春节、元宵、清明、端午、中秋、重阳等节日，是我国重要的传统节日。千百年来，生于斯，长于斯，我们的日常生活与这些节日紧密地联系到一起。其中传统节日与饮食生活即密不可分。几乎每个传统节日都有与之相对应的特色美食，各种节日美食成为传统文化最通俗的载体。在生产力低下、物质匮乏的传统社会，节日的美食丰富了人们的生活，激荡起人们的梦想，也使传统节日变得活色生香、滋味悠长。

春 节 美 食

　　春节是我国各民族的传统大节,俗称"过年",古时叫"元旦"。"元"者,始也;"旦"者,晨也;"元旦"即是一年的第一个早晨。自殷商起,把月圆缺一次定为一月,初一为朔,十五为望。每年的开始从正月朔日子时算起,叫"元旦"或"元日"。汉武帝太初元年(104年)采用"太初历",确定以孟月为岁首,正月初一为新年。此后,农历年的习俗就一直流传了下来。自新中国成立后,正式采用公历,将一月一日定为元旦,将农历正月初一改称为春节。中国人过春节已经有数千年的历史传统了,春节是中华民族最重要的也是最隆重的传统节日,节日活动十分丰富,节日美食的种类也是极其繁多。春节美食不仅深深地刺激了中国人的味蕾,更是形成了一种春节饮食文化而传承至今。

　　在古代,春节和元旦是同一个节日。这个节日从它形成的那天起,便与饮食生活紧密相连。如在汉代,元旦便有饮椒柏酒的习俗。汉唐时期是春节由最早的立春节令向现代春节过渡的时期。它表现为两个演进过程:一是节庆日期由以立春为中心逐渐过渡到以正月初一为中心;二是由单一形态的立春农事节庆逐渐过渡到复合形态的新年节庆。由此产生了一系列以除疫、延寿为目的的饮食习俗,其主要表现就是饮椒柏酒、屠苏酒、桃汤,吃五辛盘等。其中,吃"年夜饭"是必不可少的年节活动,它是中国人家庭凝聚力的体现,蕴含着中华民族期盼富足、珍惜团圆的心理,也是民族凝聚力的一部分。除夕之夜也就是农历十二月三十日(小月廿九)的晚上,意为"月穷岁尽",人们都要除旧布新,在敬祭天地祖先后,全家人要团聚在一起吃"年夜饭",称为"合家欢""团年饭"。"年夜饭"的菜肴十分丰富,有条件的家庭都要做十二道菜,象征一年的十二个月。"年夜饭"中的菜品都具有丰富的象征意义,如鱼象征年年有余,吃鱼时要将鱼头留下,意为"有余头";芹菜象征一年之中要勤快;葱象征聪明;蒜象征一年之中会计算;青菜、韭菜、粉条等合煮,称"长命菜",全家老小都要吃一点;席上必备一碗炒青菜或塔菜,青翠碧绿,名为"长庚菜",而炒青菜还有吃了"亲亲热热"之含义;豆芽菜也是必吃的,因黄豆芽形似"如意"。

年夜饭

"十里不同风,百里不同俗。"各个地方的年夜饭都有自己的特色,我们以"鱼"这道菜为例。如浙江杭州春节吃鱼,必然

做成鱼丸,意为"团圆",并且喜食青鱼,表示"清清洁洁,有吃有余"。绍兴地区,年夜饭有条鱼不能动筷子,只能看不能吃,甚至有的地方用一条木雕的鱼代替,希望来年多多有"余"。四川年夜饭少不了公鸡和鱼,因为公鸡有肾,肾意为"剩",鱼意为"余",二者被人们的想象力结合起来成为年夜饭的味道。

春节的美食十分丰富,但最受人们喜爱的是饺子、春卷、年糕等。

饺子是春节的重要食品之一,民间有"好吃不过饺子"的俗语,北方春节则有"初一饺子,初二面,初三合子,初四烙饼卷鸡蛋"的说法。三国时期张揖所著的《广雅》里就有关于"馄饨"的记载,那时已有形如月牙被称为"馄饨"的食品,和现在的饺子形状类似。1959年新疆吐鲁番地区阿斯塔那唐墓出土的饺子及馄饨实物已与今制无异,表明那时早已是天下通食了。明清时期,人们在春节期间吃饺子的习俗更为盛行,饺子的制作也有着丰富的内涵。如有的饺子在馅里放糖,预示着吃了新年日子甜美;有的在馅里放花生(称长生果),预示着吃了人可长寿;有的在馅里放一枚制钱,预示着谁吃到了谁就能

饺子

"财运亨通"。饺子形似元宝,新年里将面条和饺子同煮,叫作"金丝穿元宝"。

包饺子时,讲究皮薄、馅足、捏得紧,包时不许捏破,下锅不许煮烂,如果不小心把饺子弄破了,也只能说"挣了",忌讳说"烂"字和"破"字。饺子一般要在年三十晚上十二点以前包好,一部分在吃年夜饭时吃,一部分待到半夜子时吃。子时正是农历正月初一的伊始,吃饺子便有了"更岁交子"之意,"子"为"子时",交与"饺"谐音,也包含着"喜庆和谐""团团圆圆""吉祥如意"的意思。

包饺子

春卷是一种传统食品,其形成和变化有一个过程。根据西晋周处《风土志》记载,汉代已经有了食用五辛盘的习俗:"正元日俗人拜寿,上五辛盘……五辛者,所以发五脏气也。"

这里的"五辛"是指"一葱、二薤、三韭、四蒜、五兴蕖"（《翻译明义集》卷三）。可见以五种开脾通窍的辛香菜蔬为原料制成饼饵敬献老人是汉时的风习。到了唐代，有了"春饼"的叫法："立春日食萝菔、春饼、生菜，号春盘。"（陈元靓《岁时广记》卷八）唐宋时，立春吃春盘之风渐盛，皇帝并以之赐近臣百官。那时的"春盘"不仅在立春这一天食用，春游时人们也往往带上它充饥。当时的春盘极为讲究，《武林旧事》记道，南宋宫廷在立春这一天，"后苑造办春盘，供进，及分赐贵邸、宰臣、巨珰，翠缕红丝，金鸡玉燕，备极精巧，每盘直万钱"。"翠缕红丝"是指各种新蔬，"金鸡玉燕"则显然是精美贵重的工艺品，因此一个春盘就要"直（值）万钱"了。如此奢侈的春盘，虽然也盛有青菜，但金玉制作的鸡、燕喧宾夺主，其作用大概也是作为陈设，渲染节日气氛罢了。当时有不少诗歌描述了立春吃春盘的习俗，唐代诗人白居易《六年立春日人日作》云：

> 二日立春人七日，盘蔬饼饵逐时新。
> 年方吉郑犹为少，家比刘韩未是贫。
> 乡园节岁应堪重，亲故欢游莫厌频。
> 试作循潮封眼想，何由得见洛阳春？

诗中描写了立春之日人们吃春盘的习俗，从"逐时新"一语可看出，当时人们对时蔬是很喜爱的。杜甫也写过《立春》：

> 春日春盘细生菜，忽忆两京梅发时。
> 盘出高门行白玉，菜传纤手送青丝。
> 巫峡寒江那对眼，杜陵远客不胜悲。
> 此身未知归定处，呼儿觅纸一题诗。

表明时人是把春饼与时蔬放在一个盘子里食用的,所以叫春盘。当时之所以时兴吃春盘,一方面是品尝新鲜的蔬菜,另一方面也是为了防病,一些地方还有"咬春"的习俗,即吃个生萝卜消食防病。

春盘

宋代有一种"卷煎饼",是春饼与春卷的过渡食品。元代《居家必用事类全集》已经出现将春饼卷裹馅料油炸后食用的记载。类似记载,明代食谱《易牙遗意》中也有。到了清代,富家或士庶之家,也多食春饼。晚清文人富察敦崇《燕京岁时记·打春》载:"是日富家多食春饼,妇女等多买萝卜而食之,曰咬春,谓可以却春困也。"这样,吃春饼逐渐成了一种传统习俗,以图吉祥如意,消灾去难。之后"春饼"又逐渐演变成为小巧玲珑的春卷。春卷的做法是用烙熟的圆形薄面皮卷裹馅心,成长条形,然后下油锅炸至金黄色浮起而成。馅心可荤可素,可咸可甜。春卷是汉族民间节日传统食品,流行于我国各地,江南等地尤盛。民间除供自己家食用外,也常用于待客。当时春卷不仅普通百姓喜爱有加,甚至还登上大雅之堂成为宫廷糕点。在清朝宫廷"满汉全席"128种菜点中,春卷是九道主要点心之一。而如今有关春卷的谚语很多,如"一卷不成春""隆盛堂的春卷——里外不是人"等等,"春"在这里就是春天的意思,有迎春喜庆之吉兆,也表明春卷是深受人们喜爱的美食。

春卷

不光汉族重视"立春",白族、侗族等少数民族也过这一岁时节日,并有自己的特殊民俗活动。在古代,春饼作为一种民俗食品,不但流行于汉族地区,而且也影响、流传到了少数民族地区。元初契丹人耶律楚材《立春日驿中作穷春盘》云:

昨朝春日偶然忘,试作春盘我一尝。
木案初开银线乱,砂瓶煮熟藕丝长。
匀和豌豆揉葱白,细剪蒌蒿点韭黄。
也与何曾同是饱,区区何必待膏粱。

诗中的"木案"即春盘,"银线"为粉丝之类的食材,"何曾"为西晋大臣。诗中所提到的粉丝、藕丝、葱白、蒌蒿、韭黄等,都是吃春饼时常用的蔬菜,与汉族相差无几。

年糕是春节期间人们常用的食品。在《周礼·天官·笾人》

中有"羞笾之实,糗饵、粉餈"的记载,汉代学者郑玄注:"此二物(糗饵、粉餈)皆粉稻米黍米所为也。合蒸曰饵,饼之曰餈。"意思是年糕这种食物是一种用米粉蒸出来的糕,已和现今制作年糕的原料一致。东汉杨雄《方言》则直接载"饵谓之糕",表明在汉代年糕的雏形已经形成,而据唐代冯贽《云仙杂记》记载,洛阳地区有"正月十五食玉梁糕"的风俗,这是春节吃糕的最早的记载。但更为准确的春节吃年糕的年代当不晚于明代。明崇祯年间《帝京景物略》一文中记载了当时的北京人每于"正月元旦,啖黍糕,曰年年糕",黍粉较"黏",谐音为"年",年年糕寓意年年高,反映了人们对美好生活的期盼。到了清代,年糕又出现了许多新品种,北方有白糕饦、黄米糕,江南有水磨年糕,西南有糯粑粑,台湾有红龟糕。北方年糕有蒸、炸二种,南方年糕除蒸、炸外,尚有片炒、汤煮等吃法。

年糕

关于年糕的来历还有个传说。相传吴王夫差命伍子胥修建苏州城,伍子胥觉察到吴王夫差骄傲自满终会被越王勾践所灭,于是临死时留下遗言,说自己死后国家将大乱,饥民没有饭吃时可以掘城墙获得食物。后来果然越国灭吴,吴国百姓民不聊生时,才想起伍子胥的遗言而去掘城墙,结果发现城墙上的砖是用糯米糕做的,百姓靠吃这些糯米糕存活下来。

后来为了纪念伍子胥,江南百姓在春节时往往吃年糕。传说虽然不一定真实,但它反映了南方地区糯米糕点丰富、深受人们喜爱的习俗。

元宵节与元宵

农历正月十五之夜,是我国传统的"元宵节",又叫"上元节""灯节""元夕""元夜"。"上元节"的由来,据说源于道教(道教把正月十五称为"上元节",七月十五为"中元节",十月十五为"下元节")。其实元宵节的产生要早于道教。据史书记载,西汉文帝承周勃平"诸吕之乱"后继位,戡平之日正是正月十五,以后每逢此日的夜晚,汉文帝都要出宫游玩,与民同乐,遂定为节日,又因"夜"在古语中称"宵",故名"元宵节"。另传,元宵节的起源与东方朔有关。东方朔是汉武帝时期的名臣,为人机智风趣,富于同情心,为了让一个叫元宵的宫女能与家人团聚,他设计让一份红帖传到武帝手中,帖子上写偈语四句:"长安在劫,火焚帝阙,十六天火,焰红宵夜。"武帝看后大惊,向足智多谋的东方朔讨教应对计策。东方朔假意地想了一想,说:"听说火神君最爱吃汤圆,宫中的元宵不是经常给你做汤圆吗?十五晚上可让元宵做好汤圆。皇上亲自焚香上供,并下旨千家万户都做汤圆,一齐敬奉火神君。再传谕臣民一起在十五晚上挂灯,满城点鞭炮,放烟火,好像满城大火,这样就可以瞒过玉帝了。同时,这天夜里可让城外臣民入城观灯,宫中嫔妃可杂在人群中消灾解难"。汉武帝听了东方朔的策略十分满意,就传旨照东方朔的办法去做。到了正月十五那天,长安城里张灯结彩,游人熙来攘往,热闹非凡。宫女元宵的父母也带着妹妹进城观灯。当他们看到写有"元宵"字样的大宫灯时,惊喜地高喊:"元宵!元宵!"元宵听到喊声,终于和家里的亲人团聚了。

那么,吃元宵的习俗形成于何时呢?据考证,汉唐时,元宵节并不吃元宵,吃元宵始于宋代,是从长江下游开始的。魏晋南北朝时,人们在正月十五这天主要是喝豆粥,《荆楚岁时记》记载,正月十五那天主要吃油膏覆盖的豆面糊,或者食用白粥和糕点。到了唐代,人们在晚上观灯之时,喜食一种"粉果"和"焦"的食品。"焦"是一种油炸带馅的圆面点,它与元宵的外形和内馅完全一样,所以有人认为,"焦"实为炸元宵,不过它是用面制作的。宋代周必大《平国续稿》记道"元宵煮浮圆子,前辈似未曾赋此",说明吃元宵之俗始于宋代,前朝并没有明确记载。南宋诗人姜白石《咏元宵》云:

> 贵客钩帘看御街,市中珍品一时来。
> 帘前花架无行路,不得金钱不肯回。

这里的"珍品"指的就是元宵,这是诗人写街市卖元宵的即景诗,可见在宋朝元宵已经成为小贩走街串巷叫卖的寻常食物。与姜白石同时代的周必大也曾作《元宵煮浮圆子前辈似未尝赋此坐间成四韵》诗云:

> 今夕知何夕,团圆事事同。
> 汤官寻旧味,灶婢诧新功。

星灿乌云里,珠浮浊水中。

岁时编杂咏,附此说家风。

"今夕知何夕"一句点出了元宵节也与团圆节一样,团团圆圆,然后又说灶婢新煮熟的元宵如"星灿乌云里,珠浮浊水中",形象地描绘了元宵节的这道美食,令人不禁垂涎欲滴。

卖元宵

宋代的元宵是用各种果饵做馅,外面用糯米粉搓成球,煮熟后吃起来香甜可口,风味独特。因为这种糯米球煮在锅里又浮又沉,所以最早叫"浮元子"。在宋人陈元靓写的《岁时广记》里称它为"元子";《乾淳岁时记》称它为"糖元子";《武林旧事》称它为"团子"。明时,元宵在京师已很常见,做法也与今天无异。清代康熙年间盛行"八宝元宵",清人顾铁卿《清嘉录》卷一《圆子油馓》记载了清代元宵的做法,即用米粉做成丸状,再加内馅制成饼状,用油煎称为油馓。平常百姓人家一般用糯米和水碾成浆,再用草木灰隔纱布吸干水,制成元宵面。

在清代,随着制作技艺的提高,元宵由民间登上了大雅之堂,进入金銮殿。1743年的元宵节,乾隆皇帝在懋勤殿,以元宵赐宴文武百官。辛亥革命第二年(1912年),窃国大盗袁世凯做了大总统。1915年末他又登基当了皇帝,改国号为"洪宪"。袁世凯篡夺了辛亥革命的果实后,害怕人民反对,终日提心吊胆。一天,他听到街上卖元宵的人拉长了嗓子在喊:"元——宵!"不禁大惊失色,觉得"元宵"两字谐音"袁消",有"袁世凯被消灭"之嫌,很容易联想到自己的命运。于是,袁世凯下令禁止称"元宵",只能称"汤圆"或"粉果"。可他一琢磨,觉得改叫"汤圆"仍不吉利,这不是汤锅煮袁世凯吗!所以他再次下令改叫"汤团"。岂能料到,不改则罢,一改反倒遭到人们的嘲讽,不知是谁编了一首民谣:

> 大总统,洪宪年,正月十五夜难眠;
>
> "元宵"改"汤圆";
>
> 明年"袁消"后,谁还叫"汤团"。

歌谣不胫而走,一夜之间传遍整个北京城。袁世凯好梦不长,当了八十三天皇帝就寿终正寝——"袁消"了。

元宵可以是实心的,也可以是带馅的。馅通常以芝麻、枣泥、豆沙、果仁、山楂、花生、百果等甜馅为主,也有酸菜、肉丁、火腿、虾米、豆干、鸡蛋等咸馅的。包好的元宵可以下水煮着吃,也可以炒着吃,油氽或蒸着吃,口感粉糯软滑,味道可口。如今元宵有不同的叫法,有叫"汤圆"的,有叫"水圆"的,也有叫"汤团"的,不一而足。

汤圆

各地吃元宵的习俗也不尽一致。长江下游一带,元宵节吃"荠菜圆",汤圆馅中放了新从田野里挖来的荠菜,口味自然十分清新。云南昆明一带的汤圆多吃豆面团,而且吃法独特,全寨的人要聚在一起举办"元宵宴"。元宵之夜是新年中第一个十五月圆之夜,"一年明月打头圆",天上一轮圆月朗照,人间则聚食形如满月的元宵,与自然天象有着极微妙的对应关系。"星月当空万烛烧,人间天上两元宵",表达了人们渴望全家团圆幸福的心情,这也是元宵节吃元宵最深得人心的地方。随着时间的推移,元宵已不再是一种应时食品,而是成为一种四时皆备的点心小吃了。

寒食与"寒具"

寒食节是为了纪念春秋时期的介子推而设立的。介子推随晋文公重耳流亡了十九年,历经磨难,甚至在重耳最穷困的时候割自己大腿上的肉来煮汤给重耳吃。重耳当上国君后大封随从,唯独忘了介子推,而此时介子推已经和母亲隐居在绵山,拒而不出。晋文公重耳于是命人纵火烧山,想逼介子推出山,结果介子推和他的母亲抱着一棵树被大火烧死,这一天就在清明节的前一天。晋文公既痛心又懊悔,下令全国在介子推被烧死的这天不得举火,只能吃冷食,所以这天叫寒食节。

介子推携母隐绵山

寒食节最初要持续一个月,后来逐渐减到三天,再到一天,这与东汉并州刺史周举劝民温食、曹操下令严禁寒食有关。曹操颁布《阴罚令》中有这样的话:"闻太原、上党、雁门冬至后百五日皆绝火寒食,云为子推。""令到人不得寒食。犯者,家长半岁刑,主吏百日刑,令长夺一月俸。"就是说如果哪家再过寒食节,家里的族长将获刑半年,主事的地方官吏获刑一百天,令长被扣一个月的俸禄。三国归晋以后,由于与春秋

时晋国的"晋"同音同字，因而对晋地掌故特别垂青，纪念介子推的禁火寒食习俗又恢复起来。不过时间缩短为三天。同时，把寒食节纪念介子推的说法推而广之，扩展到了全国各地，于是寒食节成了全国性的节日，寒食节禁火寒食成了汉民族的共同风俗习惯。唐代诗人韩翃有作诗《寒食》云：

春城无处不飞花，寒食东风御柳斜。

日暮汉宫传蜡烛，轻烟散入五侯家。

诗歌描写了唐都长安人们过寒食节的景象：日落时汉宫将蜡烛传递到王公大臣家，袅袅的轻烟飘散到五侯的家中，都追求禁火寒食。

由于吃寒食有碍健康，老百姓在实践中认识到其弊端，从而厌弃它，到宋以后就逐渐泯灭了。寒食节的食物主要有三种：一种叫"饧大麦粥"，又称"干粥""麦粥"；另一种叫作"子推"，是寒食节前蒸好的一种枣饼，这类食物在唐宋诗文中多有提及；最后一种则叫"寒具"，在今天北方大部分地区颇为流行。此外，寒食食品还包括寒食粥、寒食面、寒食浆、青粳饭及饧等；寒食供品有面燕、蛇盘兔、枣饼、细稞、神㕼等；饮料则有春酒、新茶、清泉甘水等数十种。其中多数含有特殊的寓意，如祭食蛇盘兔，俗有"蛇盘兔，必定富"之说，意在企盼民富国强。

这里对寒具作一介绍。寒具是一种油炸食品。古人过寒食节，一天到晚不动烟火，只能吃冷饭，而吃冷饭对人的肠胃又没好处，远不如油炸食品好储藏，且不伤肠胃，于是人们便提前炸好一些环状面食，作为寒食期间的快餐，既是寒食节所具，就被叫作"寒具"了。汉代王逸《章句》中记载了有关寒具最早的做法，即用米面和以蜜糖煎炸制成。寒具称谓，始见于《周礼·天官·笾人》："朝事之笾，其实麦、蕡、白、黑、形盐、膴、鲍鱼、鱐。"郑司农注："朝事谓清朝未食，先进寒具口实之笾。"可见寒具是以麦、大麻稻、黍等为原料，经面制油炸而成的冷食，后泛指制熟后冷食的干粮。郑众认为"朝事之笾"是"清朝未食"时充饥的食物。寒具作为周朝祭祀品，证明寒食节的起源，与神灵祭祀有着密切关系。可见战国时期，寒食节禁烟时食用的"寒具"，主要指馓子、麻花之类的面制油炸食品。到了南北朝时的"寒具"为细环饼。贾思勰《齐民要术》载："细环饼，一名寒具，以蜜调水溲面。"可见细环饼是用蜜调水和面而成，味道极为脆美，类似于今天的甜点心。五代时金陵"寒具"制作技艺精湛，"嚼着惊动十里人"。宋代朱熹《集注》载："粗粝，环饼也，吴谓之膏环，亦谓之寒具。"这是宋代寒具的形制。按照《本草纲目》的记载，寒具还有一个现在通用的名字——馓子，是寒食节的"寒具"，是著名时令美食。明代李时珍的《本草纲目·谷部》中十分清楚地交待："寒具即食馓也，以糯粉和面，入少盐，牵索纽捻成环钏形，……入口即碎脆如凌雪。"可见馓子的味道不是一般食品可与之媲美的。苏轼在《寒具》诗中，对此大加赞赏：

纤手搓来玉数寻，碧油轻蘸嫩黄深。
夜来春睡浓于酒，压褊佳人缠臂金。

诗歌写一位年轻女子在加面添水，和面塑形，然后将其放入油锅中炸成香嫩金黄的面食。戴着缠臂金的女子正在熟睡之中，带了几许醉意的妩媚。

寒食·馓子

　　发展到现代,寒具面制油炸食品,如馓子、麻花等,仍然是我国人民非常喜爱的食品。

端午与粽子

端午节古老粽子工艺图

农历五月初五的端午节,又叫"端五""端阳""重五",也叫"天中节"。晋人周处《风土记》载:"仲夏端午。端者,初也。"端是开始的意思;午,是十二支之一,原意为月初午日的仪式。由于"午""五"同音,遂将五月初五称为端午节。如今端午节已成为国家法定节假日之一,并列入世界非物质文化遗产名录。

端午节吃粽子,这是中国人民的一种传统习俗。粽子,又叫"角黍""筒粽",其由来已久,花样繁多。早在春秋时期,用菰叶(茭白叶)包黍米成牛角状,称"角黍";用竹筒装米密封烤熟,称"筒粽"。东汉末年,以草木灰水浸泡黍米,因水中含碱,用菰叶包黍米成四角形,煮熟,成为广东碱水粽。晋代,粽子被正式定为端午节食品。此时,包粽子的原料除糯米外,还添加中药益智仁,煮熟的粽子称"益智粽"。时人周处《风土记》载:"俗以菰叶裹黍米,煮之,合烂熟,于五月五日至夏至啖之,一名粽,一名黍。"南北朝时期,出现杂粽。米中掺杂禽兽肉、板栗、红枣、赤豆等,品种增多。粽子还用作交往的礼品。到了唐代,粽子的用米,"白莹如玉",其形状有锥形、菱形等。唐都长安有专门制作、经营粽子的店铺,玄宗时有"四时花竞巧,九子粽争心"的诗句。日本有关文献中就记载有"大唐粽子"。到宋朝时,已有"蜜饯粽",即果品入粽。南宋诗人陆游《乙卯重五诗》写道:

> 重五山村好,榴花忽已繁。
>
> 粽包分两髻,艾束著危冠。
>
> 旧俗方储药,羸躯亦点丹。
>
> 日斜吾事毕,一笑向杯盘。

诗中写道:端午节到了,火红的石榴花开满山村。诗人吃了两只角的粽子,高冠上插着艾蒿,又忙着储药、配药方,为的是这一年能平安无病。忙完了这些,已是太阳西斜时分,家人早已把酒菜备好,他便高兴地一起大快朵颐。端午,是全民的节日,"贫家犹裹粽,随事答年光"(陆游诗句),不论富贵贫穷,都以同样的方式传递着一种民族情感。在宋代,还出现用粽子堆成楼台亭阁、木车牛马做的广告,说明宋代吃粽子已成时尚。元、明时期,粽子的包裹料已从菰叶变为箬叶,后来又出现用芦苇叶包的粽子,附加料已出现豆沙、猪肉、松子仁、枣子、胡桃等等,品种更加丰富多彩。到了清代粽子更是成为自食和馈赠亲友的佳品,如清人富察敦崇《燕京岁月记·端阳》载:"每届端午以前,府第朱门,皆以粽子相馈贻。"直到今日,每年五月初五,中国百姓家家都要浸糯米、洗粽叶、包粽子,其花色品种更为繁多。从馅料看,北方多为包小枣的枣粽;南方则有豆沙、鲜肉、火腿、蛋黄等多种馅料,其中以浙江嘉兴粽子为代表。吃粽子的风俗,千百年来,在中国盛行不衰,而且流传到朝鲜、日本及东南亚诸国。

　　附带说下,有关粽子来历的传说除了和屈原有关外(详见本丛书《节日风尚:文化的记忆》),还与古时三晋先民治水的故事有关。台骀是远古时期的历史人物,台骀治水在年代上要早于大禹治水,是颛顼帝时代的治水官吏。当时台骀为治水患,奔波南北,疏导汾水,一路导水至灵石山头被阻,台骀带领百姓奋战在灵石山头,开山泄水工程异常艰难,人们日夜施工吃住都在山上,挖山不止。当时水满为患又无路可通,也没有船只,台骀和他带领的开山百姓每天的饮食来源就成了问题,汾河两岸每家都有劳力在台骀治水,为了保证粮食能按时运送到工地,不耽误和影响人们的饮食,人们想出了以水送食的办法,就是用竹筒和芦叶等包裹食物,以木筏相乘顺流而下,把食物送给下游治水的人们,途中也有不少食品被水中的鱼虾吃掉。随着人口的流动,很快(粽子的最早原形)这种食品就传遍了整个汉民族。现在山西民间,五月初五祭奠汾神台骀,祭品中就有粽子。

七夕与"巧果"

农历七月初七是民间传统的七夕节,又名"乞巧节",是一个富有诗意的节日,被誉为中国古代的情人节。南朝宗懔《荆楚岁月记》载:"七月七日,为牵牛织女聚会之夜。"其实"七夕"最早来源于人们对自然的崇拜。从历史文献上看,至少在三四千年前,随着人们对天文的认识和纺织技术的产生,有关牵牛星、织女星的记载就有了。《汉书·律历志》载:"织女之纪,指牵牛之初,以纪日月,故曰星纪。"时至今日,七夕仍是一个富有浪漫色彩的传统节日。但不少习俗活动已弱化或消失,唯有象征忠贞爱情的牛郎织女的传说,一直流传于民间。

七夕起源于汉代,东晋葛洪的《西京杂记》有"汉彩女常以七月七日穿七孔针于开襟楼,俱以习之"的描述,这便是我们在古代文献中所见到的最早的关于乞巧的记载。魏晋南北朝时期,随着牛郎织女爱情故事的日渐传播,七夕已成为普遍的节日,节俗活动日臻丰富多彩,而"乞巧"之举则成为最为普遍

的节俗活动。更为有趣的是,由于魏晋文化的繁荣,此时的登楼晒衣改为了登楼晒书。在唐宋诗词中,妇女乞巧被屡屡提及,唐代王建有诗说"阑珊星斗缀珠光,七夕宫娥乞巧忙"。据《开元天宝遗事》记载,唐太宗与妃子每逢七夕在清宫夜宴,宫女们各自乞巧。隋唐是七夕节大发展的时期,虽然其习俗基本上和魏晋相同,但其活动规模要远远超过前朝。比如七夕期间以锦彩结成楼殿,"嫔妃穿针,动清商之曲,宴乐达旦"的场景,在《隋唐演义》等文学作品中多有描写。特别是吟咏七夕的诗篇更是比比皆是,仅全唐诗中就有近千首。

宋元之际,七夕乞巧相当隆重,京城中还设有专卖乞巧物品的市场,世人称为乞巧市。《东京梦华灵》载:"七夕,潘楼前卖乞巧物。自七月一日,车马嗔咽,至七夕前三日,车马不通行,相次壅遏,不复得出,至夜方散。"从乞巧市购买乞巧物的盛况,就可以推知当时七夕乞巧节的热闹景象。人们从七月初一就开始办置乞巧物品,乞巧市上车水马龙,人流如潮,到了临近七夕的时日,乞巧市上简直成了人的海洋,车马难行,观其风情,似乎不亚于最盛大的节日——春节,可见乞巧节是古人非常喜欢的节日之一。明清时期,七夕作为非常重要的民间年节之一,可谓精彩纷呈。据《帝京景物略》等书记载,明清两代七夕时,人们根据水底针影来判别女子的手艺巧拙,可谓别出心裁。

七夕节不但是个爱情节日,而且也有美食相伴。其中巧果就是七夕节的糕点。南朝宗懔《荆楚岁时记》一书写道:"七月七日为牵牛织女聚会之夜。是夕,人家妇女结彩楼,穿七孔针,或以金银钥石为针,陈瓜果于庭中以乞巧。"表明那时已有吃巧果的习俗,民间的糕点铺也喜欢在七夕制作一些织女形象的酥糖,俗称"巧人""巧酥",出售时称作"送巧人"。《东京梦华录》中提到了"笑厌儿""果食花样"的巧果,主要材料是油面糖蜜。元代的七夕节,全国都流行做大棚,张挂七夕牵牛织女图,盛陈瓜、果、酒、饼、蔬菜、肉脯等品。到了清代,七夕的主要活动则是家家陈瓜果等食品和焚香于庭,用以祭祀牵牛郎、织女星。今天在农历的七夕节送恋人巧果,也成为表达爱情的方式之一。所以,七夕巧果也逐渐成为爱情的象征。

巧果

中秋与月饼

农历八月十五,是我国传统的中秋佳节。在我国古代,帝王有"春天祭日,秋天祭月"的礼制,并将农历每季中的每个月的十五日,分别称为"孟""仲""季"。以七、八、九三个月为秋季,八月十五正是秋季的正中,故称中秋,也称"仲秋"。此外,还有月夕、秋节、八月节、八月会、追月节、玩月节、拜月节、女

儿节或团圆节等叫法,它是流行于我国众多民族的传统文化节日。中秋节到唐代初年才成为固定节日,到宋朝开始盛行,至明清时,它已与元旦、清明节等节日齐名而成为我国的主要节日之一。受中华文化的影响,中秋节也是东亚和东南亚一些国家尤其是当地华人华侨的传统节日。2006年经国务院批准,中秋节被列入第一批国家级非物质文化遗产名录,2008年起中秋节被列为我国法定节假日。

赏月和吃月饼是中秋节的重要习俗。月饼在中国有着悠久的历史。据史料记载,早在殷周时期,江浙一带就有一种纪念太师闻仲的边薄心厚的"太师饼",此乃中国月饼的"始祖"。现在形制的月饼起源于唐代。据说唐高宗时期胡人进贡胡饼正值八月十五,高宗一手拿着胡饼一手指着明月说到"应将胡饼邀蟾蜍",此后圆形的饼与中秋结下了不解之缘。《洛中见闻》曾记载,中秋节新科进士曲江宴时,唐僖宗令人送月饼赏赐进士。北宋之时,月饼不仅在宫廷内流行,也流传到民间,当时俗称"小饼"和"月团"。后来月饼演变成圆形,寓意团圆

月饼

美好,反映了人们对家人团聚的美好愿望,也表达了对亲朋好友深深的思念。苏东坡《月饼》云:"小饼如嚼月,中有酥和饴。"这里的"饴"是麦芽糖;"酥"是酥油,两者相拌,相当于现在的馅。

但是对中秋赏月、吃月饼习俗的描述,至明代的《西湖游览志会》才有记载:"八月十五日谓之中秋,民间以月饼相遗,取团圆之义。"到了明代,中秋吃月饼的习俗在民间更加广泛地流传开来。明代沈榜《宛署杂记》载:"士庶家俱以是月造面饼相遗,大小不等,呼为月饼。"说的就是寻常百姓人家仿照月亮的形状来制作月饼。《酌中志》也有载:"八月,宫中赏秋海棠、玉簪花。自初一日起,即有卖月饼者,至十五日,家家供奉月饼、瓜果。如有剩月饼,乃整收于干燥风凉之处,至岁暮分用之,曰团圆饼也。"经过元明两代,中秋节吃月饼、馈赠

古代月饼模

月饼的风俗日盛,且月饼有了"团圆"的象征意义。当时心灵手巧制作月饼的师傅,把嫦娥奔月的神话故事作为食品艺术图案印在月饼上,此外还有"西施醉月""三潭印月"等艺术图案,更使月饼成为备受人民青睐的中秋佳节的必备食品。到了清代,有关月饼的记载多了起来,而且其制作越来越精细。清人袁枚《随园食单》介绍道:"酥皮月饼,以松仁、核桃仁、瓜子仁和冰糖、猪油作馅,食之不觉甜,而香松柔腻,迥异寻常。"可见月饼的馅料、饼皮、用油已经较为讲究。

有清一代,诗人描写月饼的诗句不胜枚举。诗人袁景澜的《咏月饼诗》云:

> 形殊寒具制,名从食单核。
> 巧出饼师心,貌得婵娟月。
> 入厨光夺霜,蒸釜气流液。
> 揉搓细面尘,点缀胭脂迹。
> 戚里相馈遗,节物无容忽。
> 高阁启风秋,华筵设烟夕。
> 儿女坐团圆,杯盘散狼藉。
> 术向齐民传,说听吴均发。
> 岂惜千钱买,不作十字画。
> 轻宜玉指拈,软受瓤犀杷。
> 悦口胜红绫,投怀俨白璧。
> 虾蟆未容唼,鸳鸯良难匹。
> 莫作画中看,宜馔抄书客。

诗中对月饼的制作过程、人们赏月吃月饼的情景以及月饼的来历都做了详尽的描述,同时还可看出,古代中秋节有互赠月饼的习俗。在福建一些地方，凡是当外祖父或舅父母的，中秋节都要送给外孙子、外孙女或外甥有双鲤形状的月饼。民国诗人施景琛的《中秋词》就写到这一节俗：

> 饼儿圆与月儿如，更兆嘉祥食有余。
> 多感外家爱护意，年年例又贶双鱼。

诗中抒发了浓浓的亲情雅趣。长期以来，我国人民在制作月饼方面积累了丰富的经验，工艺考究，咸甜荤素各具美味，光面花边各有特色。明末彭蕴章在《幽州土风俗》中写道：

> 制就银蟾紫府影，一双蟾兔满人间。
> 悔然嫦娥窃药年，奔入广寒归不得。

诗中说明心灵手巧的饼师已经把嫦娥奔月的优美传说，作为食品艺术图案形象再现于月饼之上。晚清李静山《月饼》云：

> 红白翻毛制造精，中秋送礼遍都城。
> 论斤成套多低货，馅少皮干大半生。

作者采用幽默的笔调道明了当时中秋节盛行送月饼，就连寻常百姓家也不例外。

"八月十五月儿圆，中秋月饼香又甜。"中秋节是中国人的团圆节，全家人团聚赏月尝饼，取"人月共圆"之意。因而，月饼被形容为"一轮缩小的月亮"。清人祁启萼以月饼命名取义作诗《月饼》：

中秋节物未为低，火烘罗罗出爷齐。

一样饼师新制得，佳名先向月中题。

清代末期一个叫沈兆禔的人作《吉林纪事诗》云：

中秋鲜果列晶盘，饼样圆分桂魄寒。

聚食合家门不出，要同明月作团乐。

诗的大意是：中秋的新鲜瓜果陈列在晶莹的盘子中，清寒的月亮像月饼一样的圆，全家人在一起聚餐不出门，要同今宵的明月一起来个大团圆。这里表现的是当时吉林地区中秋吃月饼、赠月饼的情景。

经清代到现代，月饼在质量、品种上都有新的提升和发展。原料、制作方法、形状等的不同，使月饼更为丰富多彩，形成了京式月饼、苏式月饼、广式月饼等各具特色的品种。月饼不仅是别具风味的节日食品，而且成为四季常备的精美糕点，颇受人们欢迎。

重阳与花糕

农历九月九俗称重阳节，又称"踏秋""菊花节"等。庆祝重阳节一般包括出游赏景、登高远眺、观赏菊花、遍插茱萸、吃重阳糕、饮菊花酒等活动。重阳节早在战国时期就已经形成，到了唐代，重阳被正式定为民间的节日，沿袭至今。20世纪80年代开始，中国一些地方把夏历九月初九定为老人节，倡导全社会树立尊老、敬老、爱老、助老的风气。我国于1989年将每年的这一天定为"老人节""敬老节"。2012年12月28日全国人大常委会表决通过新修改的《老年人权益保障法》明确规定,每年农历九月初九为老年节。

吃花糕是重阳节的重要习俗。据记载,花糕又称重阳糕、菊糕、五色糕,制无定法,较为随意。九月九天亮时,以片糕搭儿女头额,口中念念有词,祝愿子女百事俱高,乃古人九月做糕的本意。

重阳糕

讲究的重阳糕要做成九层,像座宝塔,上面还做成两只小羊,以符合重阳(羊)之义。有的还在重阳糕上插一小红纸旗,并点蜡烛灯,大概是用"点灯""吃糕"代替"登高"之意,小红纸旗则是用以代替茱萸。重阳节也叫敬老节,民间要蒸重阳糕孝敬老人。

花糕的做法,是以米粉、豆粉等为原料,经发酵,更点缀以枣、栗、杏仁等果馕,加糖蒸制而成的。宋代吕原明《岁时杂记》写道:"重阳尚食糕……大率以枣为之,或加以栗,亦有用肉者。"宋代孟元老《东京梦华录·重阳》记载了宋代花糕的做法和形制:"前一二日,各以粉面蒸糕遗送,上插剪彩小旗,掺

饤果实,如石榴子、栗子黄、银杏、松子之肉类。又以粉作狮子蛮王之状,置于糕上,谓之狮蛮。"宋代吴自牧《梦粱录·九月》载:"此日,都人市肆,以糖面蒸糕,上以猪羊肉、鸭子为丝簇饤,插小彩旗,名曰重阳糕。"说明宋代的花糕是以糖和面为蒸糕,上面铺上猪肉、羊肉,插上艳丽的彩旗。为美观起见,人们把重阳糕制成五颜六色,还要在糕面上洒上一些木樨花(故重阳糕又叫桂花糕),这样制成的重阳糕,香甜可口,人人爱吃。说起重阳糕,还有一个传说。明朝有个状元叫康海,陕西武功人。他参加八月中的乡试后,卧病长安。八月下旨放榜后,报喜的报子兼程将此喜讯送到武功,但此时康海尚未抵家。家里没人打发赏钱,报子就不肯走,一定要等到康海回来。等康海病好回家时,已经是重阳节了。这时他才打发报子,给了他赏钱,并蒸了一锅糕给他回程作干粮。又多蒸了一些糕分给左邻右舍。因为这糕是用来庆祝康海中状元的,所以后来有子弟上学的人家,也在重阳节蒸糕分发,讨一个好兆头,重阳节吃糕的习俗就这样传了下来。

我国南方彝、白、侗、畲、布依、土家、仫佬等少数民族同胞也有在九月初九过节并吃糕饼一类黏性食品的习惯,但相关的风俗风物传说却各有不同。如贵州锦屏、剑河、天柱一带的侗族人民,过重阳节都要打糯米粑吃,相传是为纪念侗家民族英雄姜映芳率领起义军反抗官府取得的胜利;而湘西土家族的节日打糯米粑,则有辟邪消灾之意。

饮菊花酒是重阳节的又一传统习俗。菊花酒是由菊花与糯米、酒曲酿制而成的酒,古称"长寿酒",有枸杞菊花酒、花糕菊花酒、白菊花酒等品种,其味清凉甜美,有养肝、明目、健脑、延缓衰老等功效。菊花酒,在古代被看作是重阳必饮、祛灾祈

饮菊花酒(晋代)

采菊酿酒

福的"吉祥酒"。《荆楚岁时记》载:"九月九日,佩茱萸,食饵,饮菊花酒,云令人长寿。"菊花酒是上一年重阳节时专为来年重阳节所酿造的。九月九这天,人们采下初开的菊花和一些青翠的枝叶,掺入准备酿酒的粮食中,一起用来酿酒,并把酿好的酒放至第二年九月九饮用。时逢佳节,清秋气爽,菊花盛开,窗前篱下,片片金黄。

根据记载,早在汉代就已有了菊花酒。曹魏时曹丕曾在重阳时赠菊花酒给钟繇,祝他长寿。东晋葛洪在《抱朴子》中记载了河南南阳山中人家,因饮了遍生菊花的甘谷水而延年益寿的故事。陶渊明也有"酒能祛百病,菊能制颓龄"之说。南朝梁代简文帝《采菊》中则有"相呼提筐采菊珠,朝起露湿沾罗襦"之句,亦是采菊酿酒之举。后来饮菊花酒逐渐成了民间的一种风俗习惯,尤其是在重阳时节,更要饮菊花酒。直到明清,菊花酒仍然盛行,在明代高濂的《遵生八笺》中仍有记载,是很受欢迎的健身饮料。明清时菊花酒中又加入多种草药,其养生效果更佳。菊花酒的制作方法:用干菊花煎汁,用曲、米酿酒或加地黄、当归、枸杞诸药。由于菊花酒能疏风除热、养肝明目、消炎解毒,故具有较高的药用价值。明代医学家李时珍指出,菊花具有"治头风、明耳目、去痿痹、治百病"的功效。

腊日与腊八粥

腊八节,俗称"腊八"。这一天是农历的十二月初八,是过年的开始,民谣更是有"过了腊八就是年"的说法。这天主妇们要准备各色杂粮干果,淘洗干净后熬成"腊八粥",与家人分享。在古代中国,"腊"是重要的祭祀活动。自上古起,腊八就是一种祭祀祖先和神灵(包括门神、户神、宅神、灶神、井神等)的祭祀仪式,旨在祈求丰收和吉祥。据《祀记·郊特牲》记载,腊祭是"岁十二月,合聚万物而索飨之也"。夏代称腊日为"嘉平",商代为"清祀",周代为"大蜡",因在十二月举行,故称该月为腊月,称腊祭这一天为腊日。先秦的腊日在冬至后的第三个戌日,汉代蔡邕《独断》载:"腊者,岁终大祭。"《礼记》中也有:"腊者,接也,新故交接,故大祭以报功也。"后来佛教传入中国,为了扩大其在本土的影响力,把腊八节定为"佛成道日"。后来随着佛教的盛行,佛成道日与腊日融合,在佛教领域被称为"法宝节"。南北朝开始才把腊八节固定在腊月初八。

腊日喝腊八粥

　　我国古代的天子、国君,在每年农历的十二月要用干物进行腊祭,敬献神灵。从先秦时起,腊八节都是用来祭祀祖先和神灵、祈求丰收和吉祥的。腊八粥以八方食物合在一块,和米共煮一锅,是合聚万物、调和千灵之意。腊八粥也叫作七宝五味粥,我国民间至今流传着吃"腊八粥"(有的地方是"腊八饭")的风俗。

腊八粥

　　在河南,腊八粥又称"大家饭",是为纪念岳飞的一种节日食俗。据说当年岳家军在朱仙镇节节胜利,却被朝廷的十二道金牌追逼回来,在回师路上,将士们又饥又饿,沿途的河南百姓纷纷把各家送来的饭菜倒在大锅里,熬煮成粥分给将士们充饥御寒,这天正好是腊月初八。随后岳飞遇害风波亭,为了怀念他,河南民众每逢腊八这天,家家都吃"大家饭"。另一种说法是,腊八粥来源于佛教的一个节日——佛成道节。我国佛教徒为纪念佛陀成道事,乃于腊月初八这天以米及果物煮粥供佛,因此腊八粥也叫"佛粥""福粥"。如南宋诗人陆游在其诗中记载了腊日吃"佛粥"的习俗。陆游《十二月八日步至西村》写道:

> 腊月风和意已春,时因散策过吾邻。
> 草烟漠漠柴门里,牛迹重重野水滨。
> 多病所需唯药物,差科未动是闲人。
> 今朝佛粥更相馈,更觉江村节物新。

诗中写道,虽是隆冬腊月,但已露出风和日丽的春意。柴门里草烟漠漠,野河边有许多牛经过的痕迹。腊日里人们互赠、食用着佛粥(即腊八粥),更感觉到清新的气息。

自宋以后每逢腊八这一天,无论是朝廷、官府、寺院还是黎民百姓家都要做腊八粥。到了明代,腊八粥又加入江米、白果、核桃仁、栗子等用料。清代时,喝腊八粥的风俗更是盛行。清代《燕京岁时记·腊八粥》记道:"腊八粥者,用黄米、白米、江米、小米、菱角米、栗子、红豇豆、去皮枣泥等,合水煮熟,外用染红桃仁、杏仁、瓜子、花生、榛穰、松子及白糖、红糖、琐琐葡萄,以作点染。"在宫廷,皇帝、皇后、皇子等都要向文武大臣、侍从宫女赐腊八粥,并向各个寺院发放米、果等供僧侣食用。在民间,家家户户也要做腊八粥,祭祀祖先。同时,合家团聚

在一起食用，或馈赠亲朋好友。著名的雍和宫腊八粥，除了放江米、小米等五谷杂粮外，还加有羊肉丁和奶油，粥面撒有红枣、桂圆、核桃仁、葡萄干、瓜子仁、青红丝等。如光绪《顺天府志》载："腊八粥，一名八宝粥。每年腊月初八，雍和宫熬粥，定制，派大臣监视，盖供膳上焉。其粥用糯米杂果品和糖而熬，民间每家煮之或相馈遗。"

三 美食美器

　　自古以来,中国历代的帝王、王公贵族等,在平日与年节的饮膳、饮宴活动中,既注重美食、美味、美肴,更讲究美器。而美食家们则从文化、艺术和美学的角度出发,力主美食与美器二者之间的和谐与统一。中国历代,伴随着社会经济、文化的发展而来的,则是食具的发展与演变。特别是进入文明社会以后,饮食器具的发展变化直接反映了饮食文化生活的进步及饮食风尚的演变。

古代的炊具

中国古代的炊具主要有鼎、镬、鬲、见鬻、釜、鏊、甑、笼、甗等。

鼎

相当于今天的锅，用于炖煮食物。鼎最初为陶制器具。从大量出土文物来看，至迟在仰韶文化时期就已经出现了陶鼎，大约在夏商时出现了铜鼎。作为炊具，鼎多用来煮

鼎

牲肉。当时的肉食并不像后世那样一律切成小块,而是除了"羹"之外,一般都要把牲口分解为两大块,或七大块,或二十一块,也有不解体而煮全牲的。因此,鼎都比较大,其一般形状是圆体、大腹,也有长方形鼎。但不管是圆鼎还是长方形鼎,它们都有两耳、三足或四足。因此,后世常说"鼎足而立",或说"鼎足""鼎立",意即力量三分或三家对峙。鼎除了用作炊具外,还可用在筵席上盛放食品。

镬

即无足的鼎。《淮南子·说山训》载:"尝一脔肉,而知一镬之味。"意思是说,品尝一块肉就知道整锅肉的味道。东汉高诱曰:"有足曰鼎,无足曰镬。"由"一镬之味"联系"列鼎而食"可知,古代一道菜用一种炊具,做好端上桌又可用作餐具。这种炊、餐兼用的器具,已具有火锅的功能。

鬲

用于炖煮食物,形状与鼎相似,三足是空的,与腹相通,因为鬲都较小,承重不大,空足可以支撑而不至破损。更重要的,是可以最大限度地增加受火面积,加快米熟的速度。鬲自新石器时代开始一直沿用到秦末汉初,之后才被炉灶和釜、镬取代。

鬶

一种炊、饮两用的陶制器具,形制与鬲相似。所不同的是口部有槽形的"流",也称作"喙",有三足。《说文·鬲部》载:"鬶,三足釜也。有柄喙。"主要用于炖煮羹汤或温酒,做好后作为餐具直接端上筵席。这种器具主要流行于新石器时代。

釜

即今天的锅,圆口,圆底,有的敛口有双耳,用于蒸煮食物。它与鬲、鼎的不同之处是没有足,须安放到炉灶上才能使用。早在仰韶文化时期就已出现了陶釜,只是当时炉灶尚未普及,所以陶釜的使用也不怎么普遍。春秋战国时,人们对炉灶进行了改造,注意到了通风、排烟和防火。《鲁仲连子》载:"一灶五突,烹饪十倍,分烟者众。""突"即为烟囱。这句话的意思是一台炉灶有五个火眼和许多排烟孔,可以将烹饪工效提高十倍。又据《墨子·号令》载:"诸灶必为屏,火突高,出屋四尺,慎无敢失火。"为了防止火灾,人们将灶四周垒起屏障,使烟囱高出屋上四尺,后来又将炉灶的直突改为曲突。《汉书·霍光传》记载,有一户人家,灶上装了个很直的烟囱,灶旁堆满了柴火。有人劝他把烟囱改成弯的,把柴火搬开,以免发生火灾。这一家不听,后来果然失火。这个"曲突徙薪"的寓言,反映的就是战国秦汉时对炉灶的改造情况。

秦汉时,灶的使用已十分普及,其形状与今日农村的灶大致相同。一般为立体长方形,前有灶门,后端有烟囱,灶面有大灶眼一个,或另有小灶眼一至两个。如洛阳烧沟西十四号汉墓出土的陶灶,即前有一大灶眼,上仅放釜甑,后有一小灶眼,上仅放釜,最后为小圆孔,上面放置下圆上方烟囱。其灶面颇俏皮,长方形中各削去四角,边缘外伸,前部还画有菱形方格网饰(《洛阳烧沟西十四号汉墓发掘简报》)。从另一出土的泥灶可见,火门上有并列的竖条孔火眼。而宁夏银川平吉堡汉墓出土的灶,则略有不同。其灶面上有三个灶眼,前面有两个,孔较小,后一个较大,各置有一个釜。此外,还有三盆二釜由大到小套合叠放在灶上。这些出土资料说明当时制作的灶已很科学实用。

新石器时代仰韶文化的陶灶

由于炉灶的改进和流行,釜也盛行起来,有陶制的,也有青铜和铁制的。秦汉以后,铁釜已完全取代了鼎、鬲,成为主要的炊具。

屈原《楚辞·卜居》载:"黄钟毁弃,瓦釜雷鸣。"意思是说黄钟被砸烂并被抛置一边,而把泥制的锅敲得很响,比喻德才兼备的人被弃置不用,而无才无德的平庸之辈却受到重用。这里的"瓦釜"是指用黏土烧制的锅,说明先秦时期的锅质量非常低劣。曹魏诗人曹植《七步诗》曰:"煮豆燃豆萁,豆在釜中泣。"此诗字面的意思是说豆萁在锅下燃烧着,豆子正在锅里被炖煮,说明魏晋时已开始使用釜来炖煮食物了。

鍪

一种炊具。青铜制或铁制。敛口束颈,口有唇缘,鼓腹圆底。流行于战国并沿用至汉代早期。古代士兵戴的胄与鍪相似,因此叫作"兜鍪"。南宋词人辛弃疾《南乡子·何处望神州》称赞孙权曰:"年少万兜鍪,坐断东南战未休。"意思是说,想当年孙权年纪轻轻就成为数万将士的将领,他带领江东吴国连年征战,坐镇东南。这里的"兜鍪"是指千军万马。现今战士戴的头盔,与兜鍪相似。

甑

音同"赠",蒸饭炊具,类似今天的蒸笼,底部有孔以通蒸汽。甑和鬲配套使用,甑放在鬲的上面,鬲中放水。甑也常与釜配套使用,所以古书中常将釜甑连在一起。《孟子·滕文公上》曰:"许子以釜甑爨,以铁耕乎?"意思是说,许子用铁锅瓦甑做饭、用铁制农具耕种吗?釜甑出现于新石器时代晚期,起初为陶制,商周时期出现了铜甑,战国以后普遍流行铁甑。这一古老的炊具一直沿用至今。

笼

笼由甑演化而来，至迟到南北朝时已出现。笼多用竹条编制，以木作帮，造价低，使用轻便，层数又多，能够蒸制更多的食物，所以一直使用到今天。

甗

相当于现在的蒸锅。形制有圆形、方形，有上下合体的，亦有上下分体的，上部为甑，置放食物；下部为鬲，用于煮水；中间为箅，上有通蒸汽的十字孔或直线孔。有的在上部甑内加隔，可以同时蒸制两种食物。此器主要盛行于商周时期。

蒸锅（西汉）

饮食生活
——舌尖的创造

古代的餐具

我国古代的餐具主要有盘、簋、簠、敦、盂、镫、豆、笾、箪、筷子等。

盘

用以盛水或食物的一种器具。多为陶制或青铜器，也有瓷器者。浅而敞口、平缘、圈中、无耳。滥觞于商代，战国时期的瓷质盘，胎质细腻，施有光洁的青釉，利于口唇接触和洗涤。此后，盘的质地越来越坚硬、细腻，装饰也日趋精美，并一直流行到今天。

青花瓷盘

簋

音同"轨"，形状类似今天的大碗，但两边有耳，底部有圈足的底座，或有高足，有的底座呈方形，有的还有盖。它是用以盛放饭食的食器。古人吃饭，先将饭从甑中取出盛入簋中再食用。早期为铜器，周代以木刻者为多，也有用青铜铸造的。在商周时期，它也曾作为标志贵族等级的器物。据载，簋往往以偶数出现，如以四簋配五鼎，六簋配七鼎，八簋配九鼎。战国以后，这种餐具已不流行了。

簠

音同"府"，古时祭祀或宴飨时用以盛放黍、稷、稻、粱等饭食的器具。西周中期出现，沿用至战国时期。多为长方体，方形敞口或直口，壁直立或斜坦，有盖。盖与器的形状、大小相同，上下对称，各有两耳。盖仰置时，盖顶即为圈足。盖与器合上成为一体，打开则成为相同的两个器皿。簠与簋同类。《周礼·地官·舍人》曰："凡祭祀，共（供）簠簋，实之，陈之。"郑玄曰："方曰簠，圆曰簋，盛黍、稷、稻、粱器。"由于簠与簋常在一起使用，所以二者时常连称，它们为方为圆，又是祭器，所以古代把因不廉而被惩罚者，称作"簠簋不饰"，弹劾贪官污吏也用此语。

敦

用以盛放黍、稷、稻、粱等的一种器具。出现于春秋中期，

盛行于春秋晚期至战国时期,秦以后消失。形状多样,一般为三短足,圆腹,二环耳,有盖,盖上多有捉手。盖与器合起来形状如西瓜。

盂

一种大型盛饭器。流行于西周至春秋时期。一般为侈口,深腹,圈足,体形较大。常常与簋配合使用,簋中之饭乃取自盂中。

陶盂

盨

音同"许",用以盛放黍、稷、稻、粱等的一种器具。出现于西周中期,春秋后期消失。青铜制作,椭圆形,口微敛,鼓腹,双耳,圈足或四足,有盖。盖上一般有四个矩形组,仰置时成为带四足的食器。

豆

一种用以盛放干质食物的器具。以陶、青铜、木漆制作。器浅如盘，下有把，圈足，大多有盖。盛行于商周时期。《周礼》《仪礼》记载，天子、诸侯的筵席上，豆中主要盛放韭菹（"菹"即酱菜）、青菹、茆菹、葵菹、芹菹、深蒲、笋菹等菹类食品，以及鱼醢（"醢"即肉酱）、兔醢、鹰醢、糁食等肉酱类食品。先秦时，各级贵族所用的豆都有严格的等级规定。《礼记·礼器》载："天子之豆二十有六，诸公十有六，诸侯十有二，上大夫八，下大夫六。"超过规格，即为越礼。

笾

与豆相似的一种高足食盘。用竹篾编制，涂以漆，因而不能盛放稀湿类食品，主要用来盛放枣、桃、脯、脩、鲍等食品。

箪

贫民的盛食器，用竹条或苇编制而成。所以"箪食瓢饮"是贫困生活的写照。《论语·雍也》载："一箪食，一瓢饮，在陋巷，人不堪其忧，回也不改其乐，贤哉回也。"意思是说，（颜回）吃的是一碗粗茶淡饭，喝的是一瓢水，住在穷陋的小房中，别人都不堪忍受这种贫苦，颜回却仍然不改变其志向，贤德啊，颜回！《孟子·梁惠王下》也记载道："今燕虐其民，王（指齐宣

王)往而征之,民以为将拯己于水火之中也,箪食壶浆以迎王师。"其意是以齐国这样一个拥有万辆兵车的大国去攻打燕国这样一个同样拥有万辆兵车的大国,燕国的老百姓却用饭筐装着饭,用酒壶盛着酒浆来欢迎大王您的军队,难道有别的什么原因吗?不过是想摆脱他们那水深火热的日子罢了。从上面可以看出,箪这种食器确为一般贫民所使用。

筷子

筷子是中国人进餐时最重要而又最简单的餐具。先秦时期,筷子称作"箸""梜""梜提"。相传,大禹治水,兽肉开锅就急着进食,汤鼎沸,无法用手取食,便试着用树枝戳夹,于是发明了筷子。可知筷子是由"梜"转化而来的。先秦时,梜是从羹中捞取菜的工具。《礼记·曲礼上》载:"羹之有菜者用梜,其无菜者不用梜。"显然,梜只是当羹中有菜时才派上用场的助食餐具。这种助食作用与我们今天的筷子大相径庭。这种梜很像商店取售食品用的夹子或小吃店厨师用于翻动和捞取油炸物的那两根小木(或竹)棒。那时的梜并非用来吃饭的。大约到了周代,人们吃饭还是用手抓着吃,即所谓的"手抓饭"。所以在孔子讲到的上流社会之人应当具有的会宴进食的规矩中就有一条:"共饭不泽手。"(《礼记·曲礼上》)这里的"泽手",就是双手摩擦发热而出汗的意思。"共饭不泽手"也就是说不能用出汗的手到食器中取用食品,以免影响别人食用。唐代经学大师孔颖达的注解说:"古之礼,饭不用箸,但用手,既与人共饭,手宜絜(洁)净,不得临时始捼莎(指两手相搓)手乃食,恐为人秽也。"原来上古时的中国人和现代的阿拉伯人一样,是吃"手抓饭"的,并不是使用筷子作为餐具的。哪怕吃肉时,用刀割开后也是用手抓着往嘴里送的。正因为手与直接进口的食物有接触,所以古人养成了饭前洗手的习惯。吃饭改手食为箸食是先从贵族社会开始的。《说文·竹部》载:"箸,饭攲也。""攲"在古人眼里是一种奇巧之物,不仅西方人觉得中国的筷子不可思议,而且古代中国人自己也觉得筷子的发明很绝。有了箸,便不必用手直接到大家共用的盛饭器中去抓饭了,所以箸最早还是取饭的工具。直到秦汉以后,这种从莢演化而来的两根并列的小木棍才真正成为可以灵活运用的助食餐具了。隋唐时,"筷"写作"筯"。"箸"与"筯"都读作"驻","驻"有停滞之意,所以人们反其意改称作"快",宋代以后写作"筷",并沿用至今。

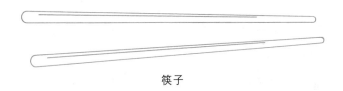

筷子

筷子的构造十分简单,仅由两根上粗下细的小棒组成。形制多为上方下圆,以竹、木制为主,也有金、银、玉、锡、骨制。前者多为普通百姓的助食之具,而后者只有锦衣玉食之家才能享用。筷子的构造虽然很简单,但其功能却十分绝妙,不传热,不粘饭,放在桌上不滚动,夹菜入口光滑,不伤唇舌。它不仅具有实用、方便、安全、卫生等诸多优点,而且还有益于身体健康。据研究,使用筷子吃饭,能够牵动人体五十多块肌肉和三十多个关节。1983年著名物理学家李政道先生在东京谈到中国的科技成就时,评价说:"中国早在春秋战国时就发明了

筷子。如此简单的两根东西,却是高超绝伦地应用了物理学上的杠杆原理。它是人类手指的延长,而且不怕高热,不怕寒冻,真是高明极了。比较起来,西方人使用刀叉吃东西,大概到16~17世纪才发明,但刀叉又哪能跟筷子相比呢?"

中国古代的每一件饮食器具几乎都是精湛的工艺美术品。筷子也不例外。在一双小小的筷子上,上层社会或上流人家要雕刻出龙、凤图案,文人雅士则喜欢刻上诗、词、文句或山水、花鸟等,或清新风致,或雍容华贵,为美食增添了丰富的情趣。

古代的饮具

我国古代的饮具主要包括尊、爵、角、斝、觥、觯、瓢、卣、彝、罍、盃、缶、杯、壶等。

尊

亦作罇、樽。是一种大口、贮酒而备斟的酒器,盛行于商周时期。多为青铜制,颈微缩,鼓腹,平底。一般为方形或圆形,形制很多,其上常常饰有动物形象,于是有牺尊、象尊、龙虎尊、四羊方尊等。古人说"决胜于樽(尊)俎之间",意为在与对手饮酒食肉的宴席间取胜。"俎"是盛肉器,后来人们就把"尊"作为酒器的代称。宋人陆游《杂感》写道:"一尊易致葡萄酒,万里难逢鹳雀楼。"

青铜尊

爵

古代饮酒器的通名,也指饮酒或温酒之器。青铜制,其形为深腹,前边有流酒的槽("流"),槽与口相接处有"柱",底部有三足,可以放到火上温酒。《诗经·小雅·宾之初筵》载:"酌彼康爵,以奏尔时。"康爵即空爵,这两句是说往喝干了的爵中注酒,向你此时心中所尊敬的人敬献。至于爵位之爵,也是从酒爵义引申出来的。《礼记·中庸》载:"宗庙之礼,所以序昭穆也;序爵,所以辨贵贱也。"意思是说,按照宗庙祭祀的礼制,把父子、长幼、亲疏的次序排列出来;把官职爵位的次序排列出来,就能将贵贱分辨清楚。

角

饮酒之器,也是古代的量器之一。盛行于商周时期,多为青铜制。似爵而圆底,大口,有三足,多为锥形,无流无柱,多有盖。在饮器中,爵、觚、斝、觯、角旧称五爵。

斝

盛酒与温酒之器,盛行于商代和西周初期。多为青铜制,形制与爵、角相似,但形体较大,有三足、两柱、一鋬(用手提的部分),圆口,平底,无流,无尾。有的体方而四角圆,下有四足,带盖;也有的腹部分档,形状像鬲。

觥

饮酒、盛酒之器,流行于商代至西周中期。形制不一,多为青铜制,鼓腹,有流和鋬,上有盖,底部有圆座。《诗经·豳风·七月》写道:"称彼兕觥,万寿无疆。""兕觥"以犀牛角雕刻而成,《诗经》中经常出现这一器具,后代诗文中提到"觥"则已经是饮酒器的代称。北宋文学家欧阳修《醉翁亭记》载:"觥筹交错,起坐而喧哗者,众宾欢也。"意为酒杯和酒筹交互错杂,大家时起时坐,宾客们尽情地欢乐。

觯

音同"至",大口的青铜饮酒器,盛行于商代和西周早期。形似尊,但比尊小。有圆体、椭扁体两类。圆体者侈口,腹深而鼓,颈微束,下有圈足稍侈,下腹部或有一耳。椭扁体者口宽而侈,腹深而鼓,束颈或宽径,圈足,多有盖。《礼记·礼器》载:"宗庙之祭,尊者举觯,卑者举角。"由此可见,"觯"是一种贵重的器物。

瓢

　　一种酒器,是将葫芦剖成两半,煮熟去瓢而成。《论语·雍也》载:"一箪食,一瓢饮。"

葫芦瓢

卣

　　盛酒、移送酒的器具。盛行于商代和西周。形制不一,多为青铜制,鼓腹,圆口或椭圆口,有盖、圆足和提梁,可像篮子一样提着。《左传·僖公二十八年》记载,城濮之战晋打败楚后,(周王)"策命晋侯为侯伯,赐之……秬鬯一卣"。这里的"鬯"指古代祭祀用的酒,"卣"则指用以盛酒的酒器。

彝

　　比较大的盛酒器,盛行于商代和西周早期。器身为方形或长方形,平底,有盖,有的有耳。《说文·系部》载:"彝,宗庙常器也。"其实彝与尊同类,郑玄《周礼春官宗伯·司尊彝》注解:"彝亦尊也。"不过因为它是"常器",所以彝即代表宗庙祭祀时所用的各种礼器。《左传·定公四年》载："祝、宗、卜、史,备物典策,官司彝器。"孔颖达疏:"官司彝器,谓百官常用之器,盖罇罍俎豆之属。"可见,彝是古代官员经常使用的盛酒器,其功能与罇、罍、俎、豆等相当。

罍

音同"雷",大型盛酒器,亦用于酿酒。盛行于商周时期。陶制、青铜制或木制,呈圆形或方形,容量较大,口小,腹深,圈足,有盖。肩部有两耳,常套铸有环,下腹部或有一鼻。《诗经·周南·卷耳》载:"我姑酌彼金罍,维以不永怀。"意思是说,我姑且用这金酒樽来斟酒,以免总是感伤。郭璞注《尔雅·释器》载:"罍形似壶,大者受一壶。"可见,罍的形状像壶,大号的罍,其容量与壶相当。

盉

温酒或盛酒备斟之器,盛行于殷商至春秋战国时期。多为青铜制,形制似鬲,深腹,圆口,有盖,前有流,后有鋬,下有三足或四足,盖和鋬之间有链相接,其功能如今天的酒壶。

缶

盛酒的器具,盛行于西周后期至春秋时期,多为陶器或青铜制作。形状似壶,大腹,圆身,有盖,腹部有四个环。缶在秦国还是一种乐器,以使音乐节奏分明。渑池之会上,蔺相如迫使秦昭王击缶,为赵国挽回了面子。《风俗通义·声音·缶》记载:"缶者,瓦器,所以盛酒浆,秦人鼓之以节歌也。"鼓,敲击;节,和拍。秦人或以缶为乐器,用以打拍子。正因为缶作为乐器为秦地所特有,所以杨恽在《报孙会宗书》中曰:"家本秦地,能为秦声。妇赵女也,雅善鼓瑟。奴婢歌者数人,酒后耳热,仰天抚缶而呼呜呜。"意思是说,我的老家本在秦地,因此我善于唱秦地的民歌。妻子是赵地的女子,平素擅长弹瑟。奴婢中也有几个会唱歌的。喝酒以后耳根发热,昂首面对苍天,信手敲击瓦缶,按着节拍呜呜呼唱。

杯

古今用于盛酒、水或羹的器具。起初用陶制作,后用青铜、金、银、玉、漆、瓷等制作。滥觞于商代,一直沿用至今。其形制各异,有方有圆,饰有鸟兽花果等各种图案。

斗彩葡萄茶杯(明成化年间)

壶

　　盛酒、贮酒器,盛行于商、西周至春秋战国时期。其特点是长颈,大腹,圈足,多有盖、提梁。《诗经·大雅·韩奕》载:"显父饯之,清酒百壶。""显父"指的是德高望重的长者。"饯之"原是指祭路神,也就是祭祖,后衍生为亲朋好友欲远行,置办酒席,为其送行,以示祝福和惜别。"显父饯之,清酒百壶"一语的意思是说,显父为他来饯行,席上清酒有百壶。壶也用来盛食物。《左传·僖公二十五年》载:"昔赵衰以壶飧从径,馁而弗食。"意思是说,赵衰带的是剩饭,这正是一个逃亡者行路时的饮食。可见,赵衰是用壶来盛饭的。

青花执壶(明代)

　　综上可见,我国饮食器具生产的历史十分悠久,它伴随着时代的发展,一次又一次地提高了文明程度,一次又一次地得到了更好的美化。所谓"美食不如美器",旨在强调器之美的重要,意在说明美食只有配以美器,才能体现美食的完美性与和谐性,此语颇有见地。

在论美食和美器两者关系时,如果只强调美器的一面,而忽视美食的重要性,那当然是偏颇的。而实际情况是,在社会经济文化发展和中外经济文化交流的浪潮中,饮食文化本身得以兼收并蓄,博采众长。其表现之一是美食迭出,美器争艳,从而使得美食与美器的组合,臻于和谐绝妙的境地。

美食美器的和谐统一

菜肴与食器在具体配合时的情况十分复杂。形态有别、色彩各异和图饰不同的食器与同一菜肴组配会产生迥然各异的视觉效果;反之,同一食器与色、形不同的多种菜肴配合,也会产生形形色色的审美效果。尽管如此,我们从文化、艺术和美学的角度来考察,在美食与美器的组配上,还是颇有规律可循的。

首先,菜肴与食器在色彩对比上要和谐。色彩没有对比会使人感到单调,对比过分强烈也会使人感到不和谐。根据菜肴的色彩,选用何种色彩的食器关系到能否使菜肴显得更加高雅、悦目,衬托得更加鲜明、美观。美食与美器的谐和,是饮食美学的最高境界。唐代诗人杜甫的《丽人行》诗中有云:

紫驼之峰出翠釜,水精之盘行素鳞。

犀箸厌饫久未下,鸾刀缕切空纷纶。

诗作将人们的日常饮食行为，带入了色彩和谐的艺术审美境界。诗意为：红褐色的驼峰羹盛在葱翠的莲花碗中，乳白色的全鱼装在莹彻的水晶盘上，进膳完毕仍不忍放下精致的犀角筷，饰着小铃的食刀不时发出清脆的响声。在这里，红与翠，白与莹，色彩上形成了强烈的对比；驼羹与翠碗，全鱼与晶盘，形态上的和谐，真可谓相得益彰，使得食与器的和谐之美浑然一体。唐代诗人李白《行路难》中"金樽清酒斗十千，玉盘珍馐值万钱"的诗句告诉我们，美酒要配"金樽"，珍馐美味要用"玉盘"来装饰，才能价值万千。南宋诗人陆游《小宴》中"洗君鹦鹉杯，酌我葡萄醅"之诗句和《埭西小聚》中"瓦盆盛蚕蛹，沙锅煮麦人"之诗句，描绘的则是平民阶层的生活样式，也彰显出一种美，当属自然素朴之美。以上诗句是时人对美食与美器之间艺术美追求的真实写照。

"食圣"袁枚

在菜肴与食器的色彩对比上，一般而言，热菜、冬令菜和喜庆菜宜用暖色（红、橙、黄、赭色）食器，而冷菜和夏令菜宜用冷色（蓝、绿、青色）食器。但切忌"靠色"，如将绿色青蔬盛在白花盘中，便会使人产生清爽悦目的艺术效果；但是如果将绿色青蔬盛在绿色盘中，既显不出青蔬的鲜绿，又埋没了盘上的纹饰美。再如，将酱汁瓦块鱼、熘腰花等色泽较深的菜肴盛在白色或浅色的盘碟中，可以淡化菜肴的色暗程度，给人愉悦的感觉；而如果用色彩较深的盘碟盛之，则不会调和菜肴的色度，从而抑制人的食欲。总之，食器的色彩应因菜制宜，应与菜肴相辅相成，相得益彰。

其次，食器与菜肴在形态上要和谐统一。我国菜肴品类繁多，且各美其美，或片块整齐，或丝条均匀，或圆润饱满，而食器的种类也林林总总，形状不一，用途各异，因此必须根据菜肴的形态来选择相应的食器。正如被誉为中国古代"食圣"的袁枚在《随园食单》中所说的："宜碗者碗，宜盘者盘，宜大者大，宜小者小，参错其间，方觉生色。若板于十碗、八盘之说，便嫌笨俗。"如鱼类菜，无论是整形的，还是条、块、片状的，都宜用长盘；而对丸子类的圆形菜，就应配用圆形盘；对滑炒鸡丝等丝状菜肴则应用条形盘；带些汤汁的烩、煨菜盛在汤盘内较合适。当然有的高档筵席特别是皇家宴会使用的则是成套食器，以充分体现出皇宫的"尊""威""富""荣""贵""典"等独有的气派和权势。如清代的孔府曾举行过清代最高级的筵席——满汉全席。据载，孔府专门备有全席使用的餐具四百零四件，可上一百九十六道菜。相传，这套银质餐具，是乾隆皇帝为嫁其女儿给七十二代衍圣公孔宪培而赐给孔府的。全席餐具上，镌刻年号为"辛卯年"，即乾隆三十六年（1771年）。

这套满汉全席餐具，属"仿古象形餐具"。这是因为它是仿青铜器食具而作，如餐具中有周邦簠、伯申宝彝、尊甒、雷纹豆、周升邦父簠、周方耳宝鼎、曲耳宝鼎、钟形味鼎、兽缘素腹鼎、伯硕父鼎、周甒等，以示典雅与古朴。此外，还有仿食物形象而制作的餐具，如鱼形（有鲤鱼、桂鱼之分）、鸭形（有立鸭、卧鸭之别）、鹿头、寿桃、瓜形、琵琶等，形象逼真，栩栩如生。有一鸭池，呈仰首张嘴之状，盛菜后热气从鸭嘴喷出，鸭舌亦可上下扇动，可谓惟妙惟肖，叹为观止。这套餐具除造型奇特生动外，还镶嵌有各种玉石、翡翠、玛瑙、珊瑚等珍物作为装饰品，并做成玉蝉、狮头、鱼眼、鸭睛、把提、盖柄，从而使银器更加华贵。同时在器外还雕有各种花卉、图案，以及刻琢吉言、诗词等，因而使菜肴、食器与艺术浑然融为一体，体现出孔府贵族饮食文化特殊的氛围。

第三，菜肴与食器在空间上要搭配得当。人们常说"量体裁衣"，用这样的方法做成的衣服才合体，穿着才舒适。菜肴与食器的搭配道理亦然，菜肴的数量和食器的大小相匹配，才能有美的感官效果。菜肴漫至器缘，无法体现出食器所具有的美，使人感到"秀色可餐"，只能给人以粗放的印象；相反，肴馔量过少，又会使人感到食缩于器心，不饱满，给人以小家子气的感觉。这是量与美的矛盾，只有处理好这个矛盾，食与器的组合才会相得益彰。一般来说，平底盘、汤盘（包括鱼盘）中的凹凸线是食与器结合的"最佳线"，用盘盛菜时，以不漫过此线为佳；用食器盛汤时，则以八成满为宜。整条鱼适宜装入腰盘。如果装入大圆盘，鱼的两侧空隙较大，显得不丰满，也不美；如果装入小圆盘，鱼头鱼尾都露出盘边，更显不妥；如装入汤盘则会使鱼身变形，显得不协调。

第四,食器的色彩要与就餐者的习俗协调一致。食器的色彩不仅要考虑到和菜肴色彩的配合,还要考虑到就餐者的"色彩感情"问题。"色彩感情"指的是就餐者对某种颜色的忌讳。如我国多采用青花餐具,这种餐具给人以沉静、庄重、朴实、大方的感觉。百里不同风,千里不同俗。我国幅员辽阔,各地各民族的风俗习惯和宗教信仰有别,"色彩感情"自然也大相径庭。各地仿膳和龙凤餐馆多采用粉彩细瓷餐具,这种颜色象征着高贵华丽和灿烂,是君主的颜色;而一些宗教的信奉者却忌讳这种颜色。所以我们在选配食器时要关心就餐者的色彩感情,不能因此而破坏宴会的和谐氛围(林永匡《饮食智道》)。

四 壶边茶话

　　茶是中国古老的传统饮料之一。由于茶叶中含有芳香油和茶多酚等成分，因而饮茶能够溶解脂肪，具有消食生津、提神醒脑、抵抗辐射以及恢复体力与精力的作用。因此茶这一饮料，自古以来就备受人们的青睐。中国是产茶的国度，无论是从种植茶叶的地理区域，还是从制茶的工艺程序、茶叶的质量而言，或者是从品茗、食馔及其古老深奥的茶道艺术而论，中国都是首屈一指的，世界上还没有任何一个国家和民族可以与之相媲美。在历史的发展进程中，人们有意识地把品茶作为一种能够显示高雅素养、寄托感情、表现自我的艺术活动，无论是煎水与煎茶，还是茶具、茶寮，皆刻意追求、创造和欣赏，从而形成独具民族特色的茶文化。

茶的起源与发展

我国饮茶的历史十分悠久。根据唐人陆羽《茶经》一书的记载,在传说中的三皇时代,我国就已有饮茶的习俗了。这虽不是事实,但由此可知我国饮茶历史的久远。不过,"茶"这个字是在唐代才出现的。在此之前"茶"被写作"槚"或"荼",俗称"苦荼"。如汉初的《尔雅》有"荼,苦茶"的解释。王褒的《僮约》有"武都买荼,杨氏担荷""烹荼已具,已而盖藏"的记载,直到东汉许慎的《说文解字》,"茶"仍被写作"荼"。只是到了唐代,人们才把"荼"字减去一划,把这种植物正式叫作"茶"。如白居易所作《琵琶行》中有"商人重利轻别离,前月浮梁买茶去"的诗句,这"茶"就不再写作"荼"或"槚"。茶有许多别称,陆羽《茶经》云:"其名一曰茶,二曰槚,三曰蔎,四曰茗,五曰荈。"

茶和酒一样,是深受人们喜爱的饮料。但茶的采摘最初是为药用。《神农本草》载:"神农尝草,日遇七十二毒,得茶而解之。"这一传说故事说明,茶最早是被先民们作为药物来使用的。在长期的医药实践中,人们认识到茶不仅可以治病,而且清热解渴,清香宜人,是一种很好的饮料。因此,至少在三国时期,人们便开始大量种植、采制茶,逐渐养成了饮茶的习惯。如《三国志·韦曜传》中载,吴国主孙皓纵酒狂饮,宫廷中的酒宴常常从早到晚,赴宴的人至少须喝7升酒,否则就要受到惩罚。大臣韦曜不胜酒力，只能喝3升，孙皓便"密赐荼荈以当酒"。这是史书中茶作为饮料的最早记录。由此可知，在汉代已经开始出现了饮茶之风。

"茶圣"陆羽

　　至魏晋南北朝时期，饮茶之风稍盛。《本草衍义》载："晋温峤上表，贡茶千斤，茗三百斤。"茶和茗均为茶叶的嫩芽，温峤一次就给皇帝贡献了一千三百斤，这一方面说明其贡礼之重，另一方面也可见其时宫廷饮茶已蔚成风气。其实，当时饮茶之风不仅流行于宫廷，而且在社会上也已流行开来。特别是一些清谈家，他们终日流连于青山秀水之间，高谈阔论，便把茶叶作为助兴之物。《太平御览》引《世说新语》载，清谈家王濛好茶，也以清茶待客。有人不习惯于茶的苦味，每欲往王濛家便自嘲："今日有水厄。"把饮茶看作遭受水灾之苦。后来，"水厄"便成了南方茶人常用的戏语。北魏人杨衒之《洛阳伽蓝记·报德寺》载，梁武帝之子萧正德降魏，魏人元义打算为其设茶，先问："卿于水厄多少？"是说你能喝多少茶。谁料，萧正德不懂茶，便说：下官虽生在水乡，却并未遭受过什么水害之灾。结果引得周围人捧腹大笑。当时，魏定都洛阳，为奖励南人归魏，于洛阳城南伊洛二水之滨设归正里，又称"吴人里"。于是，南方的饮茶之风也传到中州之地。本来，南人重茗饮，北人贵醴浆。但南方士人品茗清谈的风流潇洒，却使北方士大夫羡慕不已，因此他们也开始学习南方士大夫的品茗。北魏杨衒之《洛阳伽蓝记·报德寺》载，北魏有位叫刘镐的人，效仿南人饮茶风气，专习茗饮。彭城人王肃对他说："卿好苍头水厄，逐臭之夫……效颦之妇……是也。"说他是附庸风雅，东施效颦。当时的朝贵虽设茗茶而众人都不愿意饮用。可见当时的饮茶之风仍是南方文人的好尚，北朝尚未形成习惯。有意思的是，饮茶风习传入中原后，往往被当成是一种显示身份、朱门斗富的珍品，这种风气在汉魏时期尤为盛行。而从东晋以降，茶的作用发生了根本性变化，成为达官贵人标榜自己清廉俭朴的雅物，许多位高权重的人在宴请宾客时，不置酒肉，而专以茗饮相待，桓温、陆纳之流都以此装点门面，以期为自己博得俭约惜民的好名声（《晋书·桓温传》《晋书·陆晔传附纳传》）。

　　唐宋时期饮茶之风大盛。唐代特别是在开元、天宝年间，社会的物质文明和精神文明都达到了一个新的高度，这使人们能够在日常生活之外去追求更多的精神享受，因而饮茶之风渐趋炽热。各地的茶叶流通也更为频繁。据唐代杨煜所著《膳夫经手录》一书记载，蜀地的新安茶，"自谷雨以后，岁取数百万斤，散落东下""南走百粤，北临五湖"；江西的浮梁（即景德镇）茶，运销"关西、山东"一带，唐代诗人白居易《琵琶行》中

"商人重利轻别离,前月浮梁买茶去"就是说的这种情况;湖北蕲州(今湖北蕲春南)、鄂州等地所产的茶,运销"陈、蔡以北,幽、并以南",就是现在河南省的中部以北到河北省;湖南衡山茶,销往南方各地,"自潇湘达于五岭,以至于'交趾(即越南)'之人,亦常食之";婺州(今浙江金华)、祁门、婺源(今属江西)等地的茶,也为"梁、宋、幽、并间人"所好。唐代封演《封氏闻见记》一书写道,山东、河南、陕西一带,"茶自江淮而来,舟车相继,所在山积"。这是唐代中期以来各地所产茶叶及其流布地区的大概情况。在人们热衷饮茶的同时,论茶道者也不在少数,如唐代诗人卢仝《走笔谢孟谏议寄新茶》写道:

> 日高丈五睡正浓,军将打门惊周公。
> 口云谏议送书信,白绢斜封三道印。
> 开缄宛见谏议面,手阅月团三百片。
> 闻道新年入山里,蛰虫惊动春风起。
> 天子须尝阳羡茶,百草不敢先开花。
> 仁风暗结珠琲瓃,先春抽出黄金芽。
> 摘鲜焙芳旋封裹,至精至好且不奢。
> 至尊之馀合王公,何事便到山人家。
> 柴门反关无俗客,纱帽笼头自煎吃。
> 碧云引风吹不继,白花浮光凝碗面。
> 一碗喉吻润,两碗破孤闷。
> 三碗搜枯肠,唯有文字五千卷。
> 四碗发轻汗,生平不平事,尽向毛孔散。
> 五碗肌骨清,六碗通仙灵。
> 七碗吃不得也,唯觉两腋习习清风生。

蓬莱山,在何处?

玉川子,乘此清风欲归去。

山上群仙司下土,地位清高隔风雨。

安得知百万亿苍生命,堕在巅崖受辛苦!

便为谏议问苍生,到头还得苏息否?

　　诗作彰显了儒家的茶道精神。以前但凡引用此诗的,每每只取中间"七碗"之词,前后内容舍去,从而把茶人讽谏的积极精神淡化了。卢全被后人誉为茶之"亚圣",不仅由于他以饱畅洸洋的笔墨描绘出饮茶的意境,而且特别强调了儒家所崇尚的秩序、仁爱、敬意与友谊的治世精神,是对唐代正式形成的中国茶文化精神的概括和总结(王玲《中国茶文化》)。除了卢全的"七碗茶"诗外,唐代著名的茶诗还有很多,其中元稹的《茶》诗,构思奇巧,新颖别致:

茶。

香叶,嫩芽。

慕诗客,爱僧家。

碾雕白玉,罗织红纱。

铫煎黄蕊色,碗转曲尘花。

夜后邀陪明月,晨前命对朝霞。

洗尽古今人不倦,将至醉后岂堪夸。

　　此诗从一言起句,依次增加字数,从一字到七字句逐句成韵,对仗工整,读起来朗朗上口,声韵和谐,节奏明快。把茶与诗人、僧人的关系,饮茶的功用与意境,烹茶、赏茶的过程都写进了诗中,全诗构思精巧,趣味盎然,不愧是古今流传的绝妙好诗。

自从唐代陆羽著《茶经》一书，提倡煎饮之法后，我国古代的茶道艺术便发轫于此。关于唐代的煎茶法，在唐人的诗文中有很形象的描述。晚唐秦韬玉的《采茶歌》，便描写了从采制到煎茶、饮茶及饮后感受的全过程：

> 天柱香芽露香发，烂研瑟瑟穿荻篾。
> 太守怜才寄野人，山童碾破团团月。
> 倚云便酌泉声煮，兽炭潜然虬珠吐。
> 看著晴天早日明，鼎中飒飒筛风雨。
> 老翠香尘下才熟，搅时绕箸天云绿。
> 耽书病酒两多情，坐对闽瓯睡先足。
> 洗我胸中幽思情，鬼神应愁歌欲成。

诗的第一、二句写天柱茶的采制，采来的茶要蒸要研，"瑟瑟"是绿色玉石的名称，"穿荻篾"是说茶饼制成后用荻篾穿成串；第四句写碾茶，以"团团月"比喻茶饼；第五句写酌泉以煮水；第六句写煮水所用的炭及水开始沸腾时水面的情景；第七、八句写水到第二沸、第三沸的状态，以天气的晴和来烘托风雨声的骤至；第九句写下茶末，以"老翠香尘"来比喻茶末；第十句写茶末入水泛绿，以箸（即筷子）搅动，水旋茶转，好似绿云绕箸而动。最后四句则是诗人对此情此景乃至品茶后的感受。可以看出，唐代的煎茶，是茶的最早的艺术品饮形式。

值得一提的是，中国茶叶于唐代由日本高僧最澄传入日本。最澄于唐贞元二十年（804年）到浙江天台国清寺学佛，回国之际，携归若干茶籽，试种在近江（滋贺县）阪本村国治山麓。现今的池上花园，传为最澄大师种茶的旧址。第二年弘

法大师(空海)再次来到唐朝,又携回大量茶籽,分种各地。于是,日本也开始兴起饮茶之风。

到了宋代,饮茶之风更盛,"上自官府,下至里闾,莫之或废"(《南窗纪谈》"客至则设茶"条)。斗茶就是随着当时的饮茶风尚而产生的。斗茶,又称"茗战",是古人集体品评茶优劣的一种茶事活动,它极大地促进了茶艺的发展。唐人饮茶时,直接将茶置于釜中煎煮。通过救沸、育华产生饽沫以观其形态变化。宋人改用点茶法,即将团茶碾碎,放于碗中,再以不老不嫩的开水冲进去,用茶笼充分打击、搅拌,使茶与水均匀混合,成为乳状茶液。此时,茶液极浓,击拂越有力,茶汤便如胶乳一般"咬盏",这便是最好的茶汤。斗茶时便以此评定胜负。由于斗茶具有比较浓厚的审美情趣,因此,它从产生以来便成为人们(尤其是文人士大夫阶层中)一种高雅的文化活动,被称之为"盛世之清尚"(宋徽宗赵佶《大观茶论·序记》)。

斗茶图(宋代)

在宋代，一般城镇都有专以茶叶交易的茶叶市场，有专供人们品茶的茶肆。如当时杭州的大街小巷，茶肆随处可见。其中，有专供士大夫辈期朋约友、谈心品茗的茶肆；有供太学生聚会的茶肆；有供行会聚集、议论市场行情的茶肆；有挂茶肆招牌、实为妓院的"茶肆"，这种茶肆人们称之为"花茶坊"；还有一种和游乐场相结合的茶肆。此外，"夜市于大街有车担设浮铺，点茶汤以便游观之人"（吴自牧《梦粱录·茶肆》），这大概就像今天茶摊卖的"大碗茶"。总之，有宋一代，无论是统治者，还是文人士大夫，甚或一般市民，都嗜茶成风。

到了明代，茶从加工方式到品饮方法，都焕然一新。斗茶之风消失了，蒸后研、拍、焙而成的饼茶，代之以揉、炒、焙而成的散条形茶；研末而饮之的唐宋时期的饮法，变成了沸水冲泡的渝饮法。明代的名茶，品目繁多，屠隆《考槃余事》一书记载，

童子待茶图

（参考元冯道真墓壁画绘制）

当时最为人们青睐的有"虎丘茶""天池茶""阳羡茶""六安茶""龙井茶""天目茶"六品。

"虎丘茶"产于苏州虎丘山,明代徐渭《某伯子惠虎丘茗谢之》写道:

虎丘春茗妙烘蒸,七碗何愁不上升。
青箬旧封题谷雨,紫砂新罐买宜兴。
却从梅月横三弄,细搅松风炮一灯。
合向吴侬形管说,好将书上玉壶冰。

诗中表达了对"虎丘茶"的赞美。

"天池茶"产于苏州天池山,屠隆称赞说:"青翠芳馨,瞰之赏心,嗅亦消渴,诚可称仙品。"居然认为此茶是"仙品",足见它在当时有多么名贵了。

"阳羡茶"产于阳羡(今江苏宜兴南),唐代就列为贡品。宋代方岳《赵龙学寄阳羡茶为汲蜀井对琼花烹之》写道:

三印谁分阳羡茶,自煎蜀井瀹琼花。
数间明月玉川屋,两腋清风银汉槎。
团凤烹来奴仆等,老龙毕竟当行家。
想思几梦山阴雪,搜搅平生书五车。

元代谢应芳《阳羡茶》咏道:

南山茶树化劫灰,白蛇无复衔子来。
频年雨露养遗植,先春粟粒珠含胎。
待看茶焙春烟起,箬笼封春贡天子。
谁能遗我小团月,烟火肺肝令一洗。

明代吴宽《饮阳羡茶》称赞:

> 今年阳羡山中品,此日倾来始满瓯。
> 谷雨向前知苦雨,麦秋以后欲迎秋。
> 莫夸酒醴清还浊,试看旗枪沉载浮。
> 自得山人传妙诀,一时风味压南州。

可见阳羡茶不但历史悠久,而且是人们所喜爱的好茶。

"六安茶"产于安徽六安霍山,茶力醇厚,备受人们的青睐。清代宫鸿历《新茶诗》写道:

> 六安山中种茶客,来宿平塘主人宅。
> 我亦肩舆憩此间,土床相近篷窗隔。
> 客子喃喃语仆夫,今年寒土春不苏。
> 六安山中雪一尺,苏金如土茶如珠。
> 进茶例限四月一,三月寒犹刺人骨。
> 旗枪未向雪中生,檄符已自州城出。
> 何处南枝长粟芽,持金转买向邻家。
> 往年一树一金值,今年三倍输官茶。
> 侬家有茶十六树,里正来科种茶户。
> 悭囊扑满三百文,沽酒杀鸡完旦暮。
> 明朝卖女与商人,七尺银铛始脱身。
> 官火乾焙局秤大,折耗钱增二十缗。
> 幕司赍送到银台,蜡裹筠笼当面开。
> 通进堂官凡几辈,样茶一一封呈来。
> 可怜进茶未十日,春雷一声萌叶出。
> 换盐换米不值钱,只今贩向全椒驿。

我闻此语重凄然，灵荈如今合弃捐。

但知搁乳和酥煮，谁解分泉沃雪煎。

中朝又说武夷好，阳羡棋盘贱如草。

头纲入库饱晖虫，枉用金名书进表。

"龙井茶"即誉满中外的浙江杭州西湖龙井。元代虞集《游龙井》写道：

徘徊龙井上，云气起晴昼。

澄公爱客至，取水抠幽窦。

坐我担葡中，馀香不闻嗅。

但见瓢中清，翠影落碧岫。

烹煎黄金芽，不取谷雨后。

同来二三子，三咽不忍嗽。

明代吴宽《谢朱懋恭同年寄龙井茶》咏道：

谏议书来印不斜，忽惊入手是春芽。

惜无一斛虎丘水，煮尽二斤龙井茶。

顾渚品高知已退，建溪名重恐难加。

饮馀为比公清苦，风味依然在齿牙。

"天目茶"产于今浙江临安西北天目山。唐代皎然《对陆迅饮天目山茶因寄元居士晟》赞道：

喜见幽人会，初开野客茶。

日成东井叶，露采北山芽。

文火香偏胜，寒泉味转嘉。

投铛涌作沫，著碗聚生花。

稍与禅经近，聊将睡网赊。

知君在天目，此意日无涯。

以上六大名品，可以视作明代散条形茶的代表。

明人喜茶之人大多为饱学之士，其志并不在茶，而常以茶雅志，别有一番怀抱。其突出代表是朱权以及号称"吴中四杰"的文征明、祝枝山、唐伯虎、徐祯卿。他们都是才高而不得志的大文人，琴棋书画无不精通，又都爱饮茶。这集中体现了中国士人茶文化的特点，反映了茶人清节励志的积极精神。

中国的茶文化发展到清代，有两大变化，一是炒青绿茶的种类较以前大大丰富了，达到四十多个品种。其中名优绿茶主要有：产于安徽黄山的毛峰，产于云南西双版纳的普洱茶，产于安徽宣城的敬亭绿雪，产于安徽泾县的涌溪火青，产于安徽六安的六安瓜片，产于安徽太平的太平猴魁，产于河南信阳的毛尖，产于陕西紫阳的紫阳毛尖，产于浙江嵊县的泉岗辉白，产于江西庐山的庐山云雾，产于安徽休宁一带的屯溪绿茶，产于广西桂平西山的桂平西山茶等。花茶也形成了固定的产区和名品，并进入商品市场。同时，出现了红茶和乌龙茶这两种新茶类，从此奠定了我国茶类总体结构的基本格局。二是士人茶文化走向纤弱。其中最大的变化是饮茶环境的改变。这时的茶人大多把室外饮茶移至室内。他们不再到大自然中去寻求契合，既然茶本身就包含着道，就不必到自然中去寻找了。

中国古代人民爱好饮茶的习惯，历千年而不衰，它与酒一样，在古代人的生活中有着双重的功效，一是它们都是作为解

渴健身、佐餐助饭的饮料,进入人们的日常生活的,满足了人们生理上的物质需求;二是它们都在漫长的历史演化中,被赋予了复杂微妙的文化内涵,满足了人们心理上的精神愉悦。后一种功效使中国产生出了独具民族特色的茶文化,在中国文明史上写下了精彩的一笔。

茶圣与《茶经》

唐代国家统一,经济繁荣,文化昌盛,中外文化交流频繁,茶业兴旺发达。盛唐时代以后,茶更为普及,尤其是在陆羽《茶经》问世之后,饮茶很快成为无论贫富阶层都盛行的一种社会风尚。

陆羽,字鸿渐,复州竟陵(今湖北天门)人。他本是一个弃婴,被僧人收养在寺庙中。长大后他逃离出走,隐姓埋名,曾学演杂剧,成为伶师。青年时,他隐居浙江吴兴的苕溪,自称桑苎翁,阖门专心著书。陆羽生性嗜茶,悉心钻研茶学,把深刻的学理融于茶这种物质之中,写成《茶经》三卷,他因此而被世人奉之为茶神、茶圣。《茶经》一书,提出了一整套茶学、茶艺、茶道思想,成为茶文化的集大成者。陆羽撰著该书旨在使饮茶者在从煎到饮的过程中,达到澄心静虑、畅心怡情的境界,以得到茶"禅"中至精至微的"三昧"。陆羽为撰写《茶经》一书,他攀爬悬崖,遍访茶农,付出了大量的心血,恰如皇甫冉《送陆鸿渐栖霞寺采茶》诗中所写:

采茶非采菉,远远上层崖。

布叶春风暖,盈筐日白斜。

旧知山寺路,时宿野人家。

借问王孙草,何时泛碗花。

陆羽著《茶经》

正由于陆羽这种不畏艰险、孜孜以求、深入实际的务实精神,使他对茶的各个方面了解得那样细致、深入,才写下了不朽的《茶经》一书。全书共计三卷,七千余字,分十类:一之源,二之具,三之造,四之器,五之煮,六之饮,七之事,八之出,九之略,十之图。一之源,主要介绍我国的主要产茶地及土壤、气候等生长环境和茶的性能、功用。二之具,介绍制作和加工茶叶的工具。三之造,讲茶的制作过程。四之器,介绍煮茶、饮茶器皿。五之煮,讲煮茶的过程、技艺。六之饮,讲饮茶的方法和茶品鉴赏。七之事,讲我国饮茶的历史。八之出,详记当时产茶胜地,记载了全国四十余州的产茶情况,并品评其高

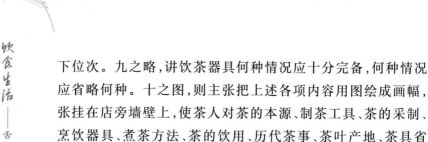

下位次。九之略,讲饮茶器具何种情况应十分完备,何种情况应省略何种。十之图,则主张把上述各项内容用图绘成画幅,张挂在店旁墙壁上,使茶人对茶的本源、制茶工具、茶的采制、烹饮器具、煮茶方法、茶的饮用、历代茶事、茶叶产地、茶具省用等看在眼里,品茶之味,明茶之理,神爽目悦,这与端来一瓢一碗,几口喝下,那意境自然大不相同。陆羽所阐述的制茶煎茶的理论和方法,受到历代人们的称赞和效法,是我国也是世界上第一部关于茶的学术著作。

在书中,陆羽还设计和制造了一套专用于烹茶和饮茶的茶具。唐人封演《封氏闻见录》曰:"楚人陆鸿渐(羽)为茶论,说茶之功效并煎茶、炙茶之法,造茶具二十四事,以都统笼贮之。远近倾慕,好事者家藏一副。"陆羽的《茶经》标志着中国茶道文化的正式形成。"自从陆羽生人间,人间相学事春茶。"宋人梅尧臣的这两句诗表明,正是陆羽的《茶经》打开了中国茶文化的大门,一时震动朝野。据说当时的德宗皇帝李适将陆羽召进宫去煎茶,饮后称赞不已。饮茶风尚在社会上大为兴盛。陆羽晚年,由浙江经湖南而移居江西上饶。孟郊《题陆鸿渐上饶新开山舍》云:

> 惊彼武陵状,移归此岩边。
> 开亭拟贮云,凿石先得泉。
> 啸竹引清吹,吟花成新篇。
> 乃知高洁情,摆落区中缘。

孟郊功名之路坎坷,四十多岁才中进士,仅做过一个小官,然在任不事曹务,常以作诗为乐,喜周游。与陆羽二人性情相近,故孟郊在诗中,以"桃花源"比拟陆羽新开山舍,颂赞陆羽超凡脱俗的品格，恰如其分。同时含蓄地表达了对现实的不满。

《茶经》总结了中唐以前茶文化发展的情况，它的问世，民间或官方都很重视，历代一再刊行。为《茶经》作序、作跋的有唐人皮日休，宋人陈师道，明人陈文烛、王寅、李维桢、张睿、童承叙、鲁彭等。《茶经》的行世，使唐宋茶道大盛，同时影响到唐及后世政治、经济、军事、文化与社会生活的方方面面，这是作者所没想到的。陆羽之后，唐人又发展了《茶经》的思想。如苏廙写有《十六汤品》一书，从煮茶的时间、器具、燃料等方面讲如何保持茶汤的品质，补充了唐代茶艺的内容。唐人张又新曾著《煎茶水记》，对天下适于煎茶的江、泉、潭、湖、井的水质加以评定，列出天下二十名水序列，从而引起茶人对自然山水的极大兴趣。唐之后又出现了不少茶学著作，如宋之《茶录》、明之《茶疏》、清之《茶笺》等，内容每有出新，但无一不是在《茶经》基础上的发挥和拓展。

《茶经》不但给中国人带来了实惠，也给全世界的人带来了福音。美国人威廉·乌克斯在《茶叶全书》中这样写道："中国人对茶叶问题，并不轻易与外国人交换意见，更不会泄露生产制造方法。直至《茶经》问世，始将其真情完全表达。""中国学者陆羽著述第一部完整关于茶叶的书籍，对当时中国农家以及世界有关者，俱受其惠。"恰因如此，"无人能否认陆羽之崇高地位"。从这个意义上说，陆羽既是中国的，也是世界的。

茶叶的种类与功效

　　根据茶叶制造方法的不同与品质上的差异,可以把茶分为绿茶、红茶、乌龙茶、白茶、黑茶、紧压茶、花茶七大类。

绿茶

　　我国绿茶品种之多居世界之首,产量亦最多。它是一种经过杀青、揉捻、干燥等工艺处理的茶叶。以其加工方法的不同,可分为炒青、烘青、晒青、蒸青四类。我国古代采用蒸青,至明代才逐渐改为炒青。以品质分,又有大宗绿茶和特种绿茶两类。

红茶

　　红茶是一种经过萎凋、揉捻、发酵、干燥等工艺处理的茶叶。由于发酵后绿色茶叶会变红,所以称为红茶。红茶按制法不同分为功夫红茶、小种红茶、红碎茶三类。红茶最早起源于明代中叶,现已成为世界上产量颇多、销路颇广、销量颇大的茶类之一。

乌龙茶

乌龙茶是经过半发酵的茶,因色泽青褐,故称乌龙茶,亦称"青茶"。产地主要集中在福建、广东、台湾一带。早在清代咸丰年间就开始了乌龙青茶的生产。安溪人在清雍正年间创制的青茶首先传入闽北,然后传入台湾。同治十年(1871年),台湾制造的乌龙茶试销美国,因美国禁止"劣茶"输入而受到排斥,遂于光绪七年(1881年)简化乌龙茶制法,精制包装,品质接近绿茶,远销南洋各地。

白茶

经过轻微发酵,茶叶表面上有一层白茸茸的细毛,白茶因而得名。白茶在宋代即为皇帝饮用的珍品。宋徽宗《大观茶论》曰:"白茶自为一种,与常茶不同。其条敷阐,其叶莹薄,崖林之间,偶然生出,虽非人力所可致,有者不过四五家,生者不过一二株……于是白茶遂为第一。"主产地以福建为主,台湾次之。分为白牙茶、白叶茶两类。

黑茶

黑茶因发酵时间较长成为黑褐色而得名,多供边地少数民族饮用,为边地畅销茶之一。明末清初开始生产,分为湖南黑茶、湖北老青茶、四川边茶和滇桂黑茶四类。

紧压茶

紧压茶是一种以绿茶、红茶或黑茶为原料,经过蒸压处理,制成砖状、饼状、碗状、球状的茶叶。主要产于四川、湖北、湖南等地,具有质地紧实,便于运输,且久藏不易变质等特点。一般在内地制作,大部分销往边疆少数民族地区。

花茶

窨制花茶的历史虽然不长,但茶引花香以增味,自古有之。宋人蔡襄《茶录》曰:"茶有真香,而入贡者微以龙脑(香料)和膏,欲助其香。建安民间试茶皆不入香,恐夺其真。若烹点之际,又杂珍果香草,其夺益甚,正当不用。"可见在一千多年前的宋初贡茶,是加龙脑香料制成的。民间制茶则不加香料,恐夺茶的真香,而在烹煮时掺入香草。虽然方法不同,但以花增加茶的香气,是相同的。关于古时窨制花茶的方法,明人程荣《茶谱》曰:"木樨、茉莉、玫瑰、蔷薇、兰蕙、橘花、栀子、木香、梅花皆可作茶。诸花开时,摘其半含半放,蕊之香气全者,量其茶叶多少,摘花为伴。……假如木樨花,须去其枝蒂及尘垢虫蚁,用瓷罐一层茶一层花投间至满,纸箬系固入锅,重汤煮之,取出待冷,用纸封裹,置火上焙干收用。诸花仿此。"从中可知各种香花都可做熏茶,花的种类比现在还多。

各地名茶有数百种之多,其中,传统名茶有西湖龙井、庐山云雾、洞庭碧螺春、黄山毛峰、太平猴魁、信阳毛尖、蒙顶茶、祁门红茶、六安瓜片等;恢复的历史名茶有休宁松萝、九华毛峰、涌溪大青、阳羡雪芽、余杭径山茶、长兴顾渚紫笋、绍兴日铸雪芽等；新创名茶有婺源茗眉、南京雨花茶、无锡毫茶、天柱剑毫、茅山青峰等。

关于茶的功效，历代茶书、医书、药书等均有记载，其中，茶书类11种，医方类23种，草本类28种，都提到了茶的功效，归纳起来有24个方面：少睡、安神、明目、清头目、止渴生津、清热、消暑、解毒、消食、醒酒、去肥腻、下气、利水（利尿）、通便、治痢（止痢）、去痰、祛风解表、坚齿、治心痛、疗疮治瘘、疗饥、益气力、延年益寿等。从中可归纳出茶的六大功能，即提神、止渴、消腻、杀菌、减肥、防癌。

由于茶叶具有如此显著的功效，因而不仅成为中国人普遍喜好的饮料，而且传入日本、朝鲜、阿拉伯、印度等国家。17、18世纪，茶叶传入欧洲市场，备受青睐。如今，茶叶已风靡世界，与咖啡、可可并称世界三大饮品。

茶　俗

茶自产生以来，便与中国人结下了不解之缘。它深深地渗透在人们的生产生活、衣食住行、婚丧嫁娶、人生礼俗和日常交际之中，形成了独特的茶俗。如在婚礼中，有些地区以茶为聘礼。清人阮葵生《茶余客话》载，淮南一带人家，男方下给女方的聘礼，"珍币之下，必衬以茶，更以瓶茶分赠亲友"，他引宋人的著作《品茶录》曰："种茶树下必下子，若移植则不复生子，故俗聘妇，必以茶为礼，义固有取。"古人以栽种茶树必须

生籽,隐喻结婚就要生子,并以茶树不可移植的特点作为婚姻笃定、爱情专一的象征,自然有它的价值取向和道德意义。这种以茶为聘礼的风俗一直延续到清代和民国以后。清人福格《听雨丛谈》卷八载:"今婚礼行聘,以茶叶为币,满汉之俗皆然,且非正室不用。"虽然也有一些人娶妻入门有时不用茶,但定亲的聘礼却要叫作"下茶",表示定亲以后不可轻易变动。

江南婚俗中有"三茶礼",订婚时"下茶礼",结婚时"定茶礼",同房时"合茶礼"。江苏旧时婚俗中,男家给女家"下茶礼"时,茶叶要有数十瓶甚至上百瓶。湖南浏阳等地有"喝茶定终身"之说。媒人引男子到女家,若女方同意,便将茶端给男子。男子若以为可以,喝茶后便在杯中放上"茶钱"。若不

传统婚礼中的茶俗

满意,喝过茶后便将茶杯倒置桌上。有些地方在新娘过门那天,也有许多与茶有关的礼俗。如横州一带人结婚,最爱闹洞房,其中,有一种形式叫作"合合茶",就是让新郎、新娘面对面坐在一条凳子上,互相把左腿放在对方的右腿上,新郎的左手和新娘的右手互相放在对方肩上,新郎右手的拇指和食指同新娘左手的拇指和食指合并成一个正方形,然后由人把茶杯放在其中,注上茶,亲戚朋友轮流把嘴凑上去品茶。还有"桂花茶""安字茶"等其他名目,都是闹洞房时的习俗。生儿育女也离不开茶,如浙江湖州地区小孩满月时,须用茶汤洗头剃发,叫作"茶浴开石"。

在中国人看来,茶只能播种,不能移栽,象征着爱情的坚贞;茶叶清纯,象征着爱情的高洁;茶树多籽,象征着多子多福。取其美好的寓意,所以在婚礼的诸多环节中,都离不开茶。清人郑板桥的一首《竹枝词》唱出了恋情中的茶韵:

> 溢江江口是奴家,郎若闲时来吃茶。
> 黄土筑墙茅盖屋,门前一树紫荆花。

在丧礼方面,据近人胡朴安《中华全国风俗志》记载,浙江和安徽一些地方在人死后,家属一边念着"手中自有甘露叶,口渴还有水红菱",一边将用甘露叶做成的菱和一包茶叶放入亡人口中。又据宋人周密《齐东野语》卷十九"有丧不举茶托"条记载,宋代人在居丧时,家人饮茶,或者以茶待客,不能用茶托。有人推测形成这种礼俗的原因,是因为"托必有朱,故有所嫌而然"。"托必有朱",是说那茶托是朱红色的漆器,而死人忌讳红色,所以居丧期间,一般不用红色器物。这种礼俗,不但一般平民要遵守,皇家也不例外。

在祭祀方面，早在魏晋南北朝时期，人们就把茶作为祭品之一了。南齐武帝萧赜，是南朝比较节俭的少数统治者之一。他临死前下了一道遗诏给他的儿子和大臣们，其中有一段说："我灵上慎勿以牲为祭，唯设饼、茶饮、干饭、酒脯而已。"（《南齐书·武帝纪》）齐武帝这里设饼、茶一类为祭，是现存茶叶作祭的最早记载，但不是以茶为祭的开始。在丧事纪念中用茶作祭品，最初当创始于民间，萧赜则是把民间出现的这种礼俗，吸收到统治阶级的丧礼之中，鼓励和推广了这种制度。南朝人刘敬叔《异苑》说，剡县陈务的妻子携两个儿子寡居，这一家人都"好饮茶茗"。房屋后园中有一座古坟，每次饮茶，这位母亲总是倒上一些茶放在古坟前，以示祭奠，其子不耐烦，说"古塚何知，徒以劳意"，欲将古坟平掉，"母苦禁而止"。一天夜里，母亲梦见一人对她的保护之恩和常以"佳茗受祭"表示感谢，并说要报答她。翌日起来一看，庭院里摆着"数十万"铜钱，于是"母告二子""祷饮愈甚"。这虽属神怪故事，但也反映了当时以茶作祭品的风俗。

古人不但用茶来祭告人鬼，而且祭天祀祖时也离不开茶。顾炎武《日知录》记载，唐德宗贞元十四年（798年），正月十一日立春祭山岳神时，"茶宴于岳"。《辽史·礼志》也记载："命中丞奉茶果饼饵各二器，奠于天神、地祇位。"《明史·礼志》记载，洪武元年（1368年）颁布的祭礼中规定，天子于每年三月在太庙中祭祖时，祭品中要有当时的新茶。《大清会典》中也有类似记载。这说明，唐以后历代都以茶荐社稷，祭宗庙。

将茶用于祭礼之中，表现的也是人们对天地祖先神灵的美好祝愿。有时，人们也和一些与自己关系密切的神开开玩笑。如腊月二十三灶神上天时，家家都要办"灶糖"，以黏住灶神的嘴，以免灶神在天上说人间的坏话。东北辽阳地区却又在灶糖之外再献上一杯清茶，据说是让灶神把被黏住的口润一润，"上天言好事，下界保平安"。这杯茶水，将灶神嘴被黏住后的恼怒之火也浇灭了，他便能心情平静地长保人间平安。这正是"民以食为天"的中华民族的文化心理。

茶俗还渗透在人际交往之中。"以茶待客"是中国人的普遍习俗。在北方，有"敬三道茶"之俗。客人进门，主人出室，仆人或子女便献上第一道茶，表示待客的礼节，因为刚刚落座，未入话题，客人可略饮一口。献上第二道茶，才是借茶以交流感情的好时候。第三道茶献上时，茶味已淡，礼仪已尽，客人便应该告辞了。对待一般客人须如此热情、周到，因为一般客人交往不多，怠慢不得，否则会因礼节上不到位而给客人留下不良印象，影响以后的交往。但若是知心朋友，则不必拘泥于礼，一壶两壶，喝他个尽兴方休。宋人王谠《唐语林》说，兵部员外郎李约有好友到访，饮茶"不限瓯数，竟日执茶器不倦"，反映的正是密友间促膝畅谈的情景。

以茶待客

　　在南方地区,待客必须用最好的茶,同时在茶中加入一些其他食品,以表示各种美好的祝愿。如湖北阳新等地,人们待客时敬上的是爆米花茶,再加入麦芽糖和数枚青果。湖南各地待客的茶中,加有炒熟的黄豆、芝麻和生姜片。这些食品是供客人喝完茶水后食用的。时令不同,茶中所加的食品不同,所表达的愿望也不同。如江南一带春节待客,所献的元宝茶是将金橘等青果剖成圆宝状,预祝客人财源茂盛。

　　一般平民也借茶来互相请托,互致问候。宋人吴自牧《梦粱录·茶肆》记载,杭州老百姓在每月初一或十五,互相提着茶瓶,在街坊邻居中挨家挨户"点茶"。茶成了人们联络感情的工具。另有一种"龊茶",是一帮在衙门里做事或充当衙役的人进行敲诈的工具。这些人常常提着茶瓶到商家店铺里,请掌柜的喝茶,不管人家是否愿意喝,都要"乞觅钱物",死乞白赖地索要钱物。"龊"乃龌龊之意,大概是那些受到敲诈的人送了这么一个不雅的称呼。当时杭州还常有一些和尚、道士,想要人家解囊施舍,也是"先以茶水沿门点送""以为进身之阶",找个骗钱的借口,相沿成俗。

五 酒中三昧

　　酒,虽不是人们饮食生活的必需品,但从它产生的那天起,便开始浸润整个社会,与人们的生活结下了不解之缘。这自然与饮酒对人体的作用不无关系。然而古往今来,嗜好这杯中物者不计其数,更主要的原因当在于它能刺激人们的感情,或用于促,或用于抑,在人们神经活动过程中起着催化作用;同时能用于各种礼仪,即古人所谓"成礼"。此外,饮酒对文学艺术还具有催化作用。

酒 的 发 明

　　酒是中国人自古以来最喜爱的饮料,其运用传统方法,通过制曲酿成,风格别具,妙不可言。

　　中国古代酒的种类很多,其中最具代表性的应该说是用酒曲酿造的谷物酒。日本学者研究了中国人用酒曲酿造谷物酒后,指出其方法之独特,影响之深远,波及面之广阔,堪与"四大发明"并列,成为"第五大发明"。

　　关于酒的起源,在我国古代文献中曾经留下过许多记载,然而,如同古代人交往中发明的文字,被认为是仓颉所造一样,酒的出现也不可能是由于某个人的发明,而只能是在人类从游牧走向定居,发展了农业生产,大量储存了粮食,粮食得以自然发酵后造出来的。大约在原始社会中后期,人们已懂得利用酒曲来酿酒,使酒能定向生产。殷周时代饮酒蔚成风气,20世纪70年代在河北藁城商代前中期遗址中,以及1987年在河南信阳的商代墓葬中出土的大量青铜及陶制酒具,是商人好饮的佐证。至周代,朝廷设置了专管酿酒的职官,说明酿酒已发展成为独立的手工业部门。及至秦汉魏晋时期,酒的品种日益增多,酒的名称五花八门,异彩纷呈。这一方面是由于我国传统的酿造技术有了长足发展,从而不断增加了新的品种;另一方面这个时期各民族之间、中外之间的经济文化交流空前频繁,从而引进了许多品种,使内地酒类品种大大丰富。

唐代以前的酒,大都是自然发酵酿成的米酒或果酒,酒精的含量很低,其味香甜稍带辛辣,即使不胜酒力的人多饮几杯也不会醉。到了唐代,人们在长期的生产实践过程中,认识到了酒精与水的沸点不同,于是就在发酵酒的基础上通过蒸馏的方法,使酒精与水分离,从而发明了一种酒度高、香味浓、质量比较好的蒸馏酒。因这种酒的酒精含量高,有的甚至触火即燃,所以民间又称之为"烧酒",又因其质地透亮、洁净、无色,还称之为"白酒"。它的香、味和风格,在世界上独树一帜,是酿酒史上的一个划时代的进步。宋元以后,有关蒸馏酒的记载已较为普遍。13~14世纪,我国的蒸馏酒技术还通过丝绸之路,经阿拉伯传入欧洲。此后,西欧诸国才出现了白兰地、威士忌等蒸馏酒。明清时代,酿酒业的规模日渐扩大。诗人袁宏道更用"家家开酒店"的诗句描述了绍兴酿酒业的繁荣景象。由于古人认为"酒以辛醇为上""以色清味冽为圣",所以,在中国封建社会后期,蒸馏酒逐渐成为我国人民爱不释手的主要饮品之一,并以其神奇的力量,巧妙地影响着人们的思想、观念、感情、心态、行为、人际关系,从而创造出一种颇具神秘色彩的人为的生活环境和生活方式,成为社会精神文明的有机组成部分。

中国人还会酿造果酒。葡萄酒是我国古代最主要的果酒。我国最早酿制葡萄酒的是今新疆地区的各族人民。内地直到西汉张骞出使西域之后,带回了优良品种,招来了酿酒艺人,以后内地才大量种植葡萄并用以酿酒,所以西汉可谓是葡萄酿酒的发明期。魏晋以降,直至唐代,葡萄酒的酿造技术达到了更高的水平。唐宋诗中,葡萄酒之咏不绝于书。唐代诗人刘禹锡《葡萄歌》咏道：

> 野田生葡萄，缠绕一枝高。
> 移来碧墀下，张王日日高。
> 分岐浩繁缛，修蔓蟠诘曲。
> 扬翘向庭柯，意思如有属。
> 为之立长檠，布濩当轩绿。
> 米液溉其根，理疏看渗漉。
> 繁葩组绶结，悬实珠玑蹙。
> 马乳带轻霜，龙鳞曜初旭。
> 有客汾阴至，临堂瞪双目。
> 自言我晋人，种此如种玉。
> 酿之成美酒，令人饮不足。
> 为君持一斗，往取凉州牧。

南宋诗人陆游《小宴》诗云：

> 洗君鹦鹉杯，酌我蒲萄醅。
> 冒雨莺不去，过春花续开。
> 英雄漫青史，富贵亦黄埃。
> 今夕湖边醉，还须秉烛回。

这些诗都描写了诗人对葡萄酒的赞美。宋元以后，葡萄酒更日趋大众化。清代末年，我国已采用机械化大规模生产葡萄酒。光绪十八年（1892年），我国第一家葡萄酒生产企业——张裕葡萄酒公司成立。1914年正式出酒，受到孙中山先生的赞赏，他亲自为该厂题词："品重醴泉"。中国的果酒，可以说多到不胜枚举。除葡萄酒外,还有石榴酒、梨酒、枣酒、梅子酒等。根据古文献记载,人们还曾用椒花、桂花、菊花、莲花、蔷薇花、茉莉花甚或苏合香、龙脑香、薄荷等来酿酒,其风味之独特,可以想见。

孙中山为张裕公司题词

从古代的匈奴、东胡、乌桓、鲜卑到今日的蒙古族、柯尔克孜族、哈萨克族、鄂温克族等少数民族,还擅长用马、牛、羊、骆驼的奶来酿制奶酒。奶酒也是我国较古老的酒。其中蒙古族牧民酿制马奶酒的历史尤为悠久。每逢盛夏,辽阔的蒙古草原上,到处都飘溢着马奶酒的清香。这时,便是人们饮用马奶酒的最佳时刻。接待宾朋,节日喜庆,邻里欢聚,餐桌上总少不了独具特色的马奶酒。《鲁不鲁乞东游记》描述它的制作方法说:"把马奶倒入一只大皮囊里,然后用一根特制的木棒开始搅拌,这种棒的下端像人头那样粗大,是挖空了的。当他们很快地搅拌时,马乳开始发生气泡,像新酿的葡萄酒一样,并且变酸和发酵。他们继续搅拌,直到他们能提取奶油,这时他们尝一下马奶酒的味道,当它相当辣时,他们就可以喝它了。"蒙古人祖祖辈辈生活在草原上,他们的生活与马奶酒紧密相连。这样,马奶酒的礼俗,马奶酒的文化便应运而生了。马奶酒性温,有驱寒、舒筋、活血、健胃等功效,被称为紫玉浆、元玉

浆,是"蒙古八珍"之一。凡饮过马奶酒的人,无不赞美它的醇香可口。元代诗人杨允孚《滦京杂咏》云:

> 内宴重开马湩浇,严程有旨出丹霄。
> 羽林卫士桓桓集,太仆龙车款款调。
> 月出王孙猎兔忙,玉骢拾矢戏沙场。
> 皮囊乳酒锣锅肉,奴视山阴对角羊。

忽必烈还常把它盛在珍贵的金碗里,犒赏有功之臣。受蒙古人的影响,在其他少数民族和汉族中,也有许多人对马奶酒赞不绝口。如契丹人耶律楚材曾写诗(《湛然居士文集·卷四》),向蒙古族中的朋友索要马奶酒:

> 天马西来酿玉浆,革囊倾处酒微香。
> 长沙莫吝西江水,文举休空北海觞。
> 浅白痛思琼液冷,微甘酷爱蔗浆凉。
> 茂陵要洒尘心渴,愿得朝朝赐我尝。

耶律楚材对马奶酒的喜好跃然纸上。意大利人马可·波罗喝了马奶酒后,也赞叹"其色类白葡萄酒,而其味佳"。

中国的药酒也值得一提。早在殷商时期,我国就已经能制造药酒了。春秋以后,酒在医学上的使用更加广泛了。《神农本草经》中已明确记载了用酒浸泡药材。隋唐以降,药酒开始成为中医临床治疗的常用剂型。数千年来中国人究竟创制了多少种药酒,实在难以统计。仅《本草纲目》就记载了七十九种药酒,单是用蛇炮制的就有广西蛇酒、乌蛇酒、蚺蛇酒、蝮蛇酒、花蛇酒等多种。到了清代,药酒品种更加丰富。《医宗金鉴》载"何首乌酒""银苎酒""麻黄宣肺酒"等方；著名温病学家王孟英，擅长饮食调养，写有《随息居饮食谱》；汪昂著《医方集解》；程钟龄著《医学心悟》；叶天士著《种福堂公选良方》。上述这些医书中都收录有多种药酒方，介绍了药酒的使用方法、作用原理和临床治疗疾病的种类等，已形成为一种比较完整的治疗方法。对于药酒的疗效，清代查慎行《药酒初成》诗写道：

> 老人冬来如蛰虫，坯户况值蜚廉风。
> 药炉新煮药酒熟，气触鼻观香先通。
> 披衣起坐暖寒冽，卯饮一呷回春融。
> 气衰形耗百病作，岂有草木能相攻。
> 此身略似受霜叶，藉尔暂发衰颜红。

酒 的 功 用

古往今来，酒始终是深受人们喜爱的一种饮品。不过，人们饮酒并不是为了充饥，不是为了解渴，也不是为了补充必要的营养以保持体力或延长寿命。所以，酒不是一般意义的饮品，而是一种特殊的饮品。

酒，虽不是人们饮食生活的必需品，但从产生的那天起，它便开始浸润整个社会，与人们的生活结下了不解之缘。古往今来，嗜好这杯中物者不计其数。为何有如此众多的好酒者？这自然与饮酒对人体的作用不无关系。饮酒能够解乏，

这对体力劳动者有利。此外,酒还可作药用,对于治疗疾病有利。

不过,上述这些作用并不是人们饮酒的主要因素。

几千年来,有不少人对酒的功用做过论述。我们认为,从古至今,人们饮酒的作用主要表现在以下几个方面。

一是刺激人们的感情,或用于促,或用于抑,在人们神经活动过程中起着催化作用。人人都具有与生俱来的两大情感,即欢乐与忧愁。而酒的神奇之处恰恰在于它同时能满足人们这两种相反情感之需要。如愁闷时须借酒以消愁,如曾经叱咤风云、挟天子以令诸侯的曹操,面对流逝的时光和壮志未酬的现实,无可奈何,便用酒来排解心中的忧伤,大呼道:"何以解忧? 唯有杜康。"

曹操诵"何以解忧? 唯有杜康"

又如李白的《将进酒》也是借酒以消愁：

> 君不见，黄河之水天上来，奔流到海不复回。
> 君不见，高堂明镜悲白发，朝如青丝暮成雪。
> 人生得意须尽欢，莫使金樽空对月。
> 天生我材必有用，千金散尽还复来。
> 烹羊宰牛且为乐，会须一饮三百杯。
> 岑夫子，丹丘生，将进酒，杯莫停。
> 与君歌一曲，请君为我倾耳听。
> 钟鼓馔玉不足贵，但愿长醉不复醒。
> 古来圣贤皆寂寞，惟有饮者留其名。
> 陈王昔时宴平乐，斗酒十千恣欢谑。
> 主人何为言少钱，径须沽取对君酌。
> 五花马，千金裘，呼儿将出换美酒，
> 与尔同销万古愁。

此诗为李白长安"赐金放还"以后所作。诗中，李白"借题发挥"，借酒浇愁，抒发自己的愤激情绪，遂成《将进酒》这篇千古绝唱。而对于志士，酒更能刺激他们的豪情。南宋爱国志士辛弃疾醉后赋词《破阵子·为陈同甫赋壮词以寄之》，写道：

> 醉里挑灯看剑，梦回吹角连营。
> 八百里分麾下炙，五十弦翻塞外声。
> 沙场秋点兵。

辛弃疾"醉里挑灯看剑"

醉酒激发了诗人昂扬的斗志,激励着他和友人奔赴沙场。又如杜甫《闻官军收河南河北》诗写其高兴时借酒以抒写情怀:

剑外忽传收蓟北,初闻涕泪满衣裳。

却看妻子愁何在,漫卷诗书喜欲狂。

白日放歌须纵酒,青春作伴好还乡。

即从巴峡穿巫峡,便下襄阳向洛阳。

诗中句句蕴含"喜"意,是杜诗中"言喜"的名作。而其喜悦之情,皆借"纵酒""放歌"得以实现的。

二是用于各种礼仪,即古人所谓"成礼"。实质上是调节情绪,满足人们精神生活的需要。古代中国人在生活中、在人际交往中,特别讲究礼法,礼又非常多,所谓"繁文缛礼",一点不假。而这些又大多是"百礼之会,非酒不行"。这里以迎宾待客为例,如《汉乐府·陇西行》对汉人接待宾客的情况作过生动具体的描述:

> 好妇出迎客,颜色正敷愉。
> 伸腰再拜跪,问客平安否?
> 请客北堂上,坐客毡氍毹。
> 清白各异樽,酒上正华疏。
> 酌酒持与客,客言主人持。
> 却略再拜跪,然后持一杯。
> 谈笑未及竟,左顾敕中厨。
> 促令办粗饭,慎莫使稽留。
> 废礼送客出,盈盈府中趋。
> 送客亦不远,足不过门枢。

诗中具体描绘了一位端庄贤淑、知情达理的妇人如何迎接客人、招待客人和送别客人的整个过程,而在这待客过程中,主要是以酒"成礼"的。《艺文类聚》中也引有一首古诗,描写了汉代"舞乐宴食"、投壶侑酒宴客的热闹场面:

> 玉樽延贵客,入门黄金堂。
> 东厨具肴膳,椎牛烹猪羊。
> 主人前进酒,琴瑟为清商。
> 投壶对弹棋,博弈并复行。

这种以酒待客的习俗一直传承了下来。如清代诗人吴镯的妻子庞畹,在以酒飨客这一点上,更淋漓尽致地体现了古人热情好客的精神。其《琐窗杂事》第一首写道：

> 夫婿长贫老岁华，生憎名字满天涯。
>
> 席门却有闲车马，自拔金钗付酒家。

诗人吴锡家境贫寒，常以没钱款待客人为忧。可是，既然撑门立户难免有些应酬。何况吴锡诗名在外，总会有些诗友寻访。为此，吴锡很是苦恼。一天正发愁呢，又有人来拜访。吴锡硬着头皮接待、寒暄。心里却一直打鼓：吃甚？喝甚？正发愁呢，却见妻子庞畹笑吟吟地捧出老酒一壶，又拿出几碗菜肴，齐整整摆上几案，招呼客人和丈夫入席。这样既保全了丈夫的面子，也使客人高兴而来，满意而归。吴锡有些不解，妻子庞畹告诉他是自己事先用头上金钗换了酒饭钱。

不仅汉族有以酒待客的习俗，许多少数民族以酒待客之风往往比汉族还要浓厚得多。这是因为，在他们看来，酒是珍贵、圣洁的东西，是纯洁、神圣的象征。故而，只要有客人到

礼敬青稞酒（藏族）

来,必以酒招待,以表达自己真挚的情感和纯洁的友谊。如按照藏族习俗,有客人至,豪爽热情的主人要端起青稞酒壶,斟三碗敬献客人。前两碗酒,客人按自己的酒量饮之,可喝完,也可剩少许,但不可滴酒不沾。第三碗斟满后则须一饮而尽,以示尊重主人。

时至今日,我们仍能经常看到诸如订婚酒、结婚酒、生日酒、毕业酒、拜师酒、团圆酒、接风酒、饯别酒、除夕酒以及各种节日之酒、宴会之酒等等,不一而足。它们已成为各种礼仪中不可或缺的一个部分,其作用实际上是间接刺激人们的感情,满足精神生活的需要。

三是对文学艺术具有催化作用。古代不少诗人、书法家、画家,往往须在酒后方能吟诗作画、挥毫泼墨,许多杰出的作品甚至是在醉态之中完成的。杜甫《饮中八仙歌》写道:

> 李白斗酒诗百篇,
> 长安市上酒家眠。
> 天子呼来不上船,
> 自称臣是酒中仙。

唐代"饮中八仙"

　　李白自己也在《江上吟》中咏道："兴酣笔落摇五岳,诗成傲啸凌沧洲。"李白一生写有大量的诗文,流传至今的达一千零五首之多,其中写到饮酒的就有一百七十首,著名的饮酒诗有《将进酒》《把酒问月》《月下独酌》《对酒》等。

李白月下独酌

　　除了诗歌,书画创作也离不开酒。如在美术史上,秦汉间的"千岁翁"安期生,曾"以醉墨洒石上,皆成桃花"(《酉阳杂俎》)。唐代画圣吴道子,他为人好酒使气,作画时"每欲挥毫,必先酣饮"(潘天寿《中国绘画史》)。张志和"喜酒,常在酣醉后,或击鼓吹笛,舐笔成画"(潘天寿《中国绘画史》)。宋代的包鼎,为画虎专家,每当画虎之前,总是先"酒扫一室,屏人声,塞门涂牖,穴屋取明,一饮斗酒",而后"脱衣,据地卧、起、行、顾",感到自己真像老虎时,又"复饮斗酒,取笔一挥尽意而去"(《后山谈丛》)。明代著名画家唐寅也嗜酒成癖,他经常与友人竟日欢饮,尽兴之时方欣然命笔作画。他晚年的时候,不大喜欢作画赠人。当时有"欲得伯虎一幅画,须费兰陵酒千钟"之谚,可见他对酒的感情之深。

在书法方面,历代众多书家酒酣而书,使墨色酒香交融成一道灿烂的风景线,留下了许许多多的书法创作与酒的轶事。这里以王羲之和张旭为例。

东晋时期的王羲之一生好酒,常以酒会友,饮酒作诗。自汉到东晋,有一个风俗,就是在每年农历的三月三日,只要条件许可,一定会设"流杯池",举行除去不祥的祭祀活动,这一活动在当地叫作"修禊"。永和九年(353年)的三月三日,王羲之、谢安和孙绰等四十一人,到会稽山阴兰亭的河边"修禊"。他们引水分流,因流设席,激水推杯,酒杯漂流到谁的面前谁便取而饮之,这叫作"禊饮"。由于曲折分流,所以有"曲水"之称。由于王羲之一行都是文人,众人便一面饮酒,一面赋诗。大家作完诗后,把诗集合成一本《兰亭集》。因为王羲之为人豪爽,又担任酒诗会的召集人,所以大家都一致公推他来为《兰亭集》作一篇序文。此时的王羲之已喝了很多的酒,他趁着酒意灵感大发,拿起毛笔,在纸上挥毫泼墨起来。笔兴随酒兴而生,笔力、笔韵随酒力、酒韵而成。这篇序文,就是后来名震千古的《兰亭集序》。序文清新优美,书法遒健飘逸,被历代书界奉为极品。宋代书法大家米芾称其为"中国行书第一帖"。王羲之因此也被后世尊为"书圣"。后人在研究其书法艺术时赞誉颇多:"点画秀美,行气流畅""清风出袖,明月入怀""飘若浮云,矫若惊龙""遒媚劲健,绝代所无"。确实如此,据说,次日,王羲之酒醒过后,看到案边的作品,也大感惊讶。他后来又试着临摹书写,但"更书数十本,终不能及之"。究其因由,非物境、人境、酒境合一,于憩然之中挥毫,实难一气呵成旷世神品,"三境"难再有,书家心中不可复制的情感也就消失了,笔墨技艺卓绝如王羲之本人,便再也难以完成同样水平的作品了。

曲水流觞图(东晋)

张旭是盛唐时期著名的书法家和诗人,他继承东汉张芝"联绵草"的风格,独辟蹊径,成为狂草一体的开山鼻祖。他往往在喝得酩酊大醉后才开始挥毫作书,狂叫奔走,以致头发濡墨,创作状态近于疯狂,因此得了"张颠"的诨号。对于他的书

法创作状态,唐代诗人李颀《赠张旭》写道:

> 张公性嗜酒,豁达无所营。
> 皓首穷草隶,时称太湖精。
> 露顶据胡床,长叫三五声。
> 兴来洒素壁,挥笔如流星。
> 下舍风萧条,寒草满户庭。
> 问家何所有,生事如浮萍。
> 左手持蟹螯,右手执丹经。
> 瞪目视霄汉,不知醉与醒。
> 诸宾且方坐,旭日临东城。
> 荷叶裹江鱼,白瓯贮香粳。
> 微禄心不屑,放神于八纮。
> 时人不识者,即是安期生。

诗作生动地再现了张旭这位天才书法家"斗酒草圣传"的勃勃英姿。正是在腾云驾雾般的醉昏之际,张旭的创作冲动和情绪的抒泄才发挥得如此淋漓尽致!

以上例子足以表明,酒能激发创作的冲动,使之产生灵感。由此,不难理解,饮酒实际上是一种文化现象、文化活动,即人类文明中最古老的饮酒文化。

酒祸与酒禁

酒祸

在漫长的历史进程中,因饮酒不加节制而失礼、失节、误事、损人害己,甚或影响朝政、最终导致杀身亡国的酒祸几乎俯拾皆是,不胜枚举。概而言之,纵酒的危害性有以下几个方面:

一是纵饮而早丧。三国时期的曹植,满腹经纶,深为其父曹操所宠爱,欲立他为嗣。但他"饮酒不节",时常酒后误事,令曹操大失所望。建安二十四年(219年),曹操欲派曹植为南中郎将,率兵前往解救为关羽所包围的曹仁,但他却因烂醉如泥而不能前来受命,曹操大怒,将其罢免(《三国志·魏书·陈思王植传》)。从此,他心情一直郁闷不快,加之曹丕的不断迫害,只好纵酒自遣,四十岁便去世了。在中国历史上,因饮酒过度等原因而早亡的还有魏晋时期的阮籍、陶渊明,他们都只活了五十四岁;唐代的李商隐活了四十六岁;清代的曹雪芹只活了四十岁……酒,也不知摧残了多少人的健康体魄,吞噬了多少不节者的生命!

曹植纵饮图

二是滥饮而猝死。东汉时期的丁冲,在曹操手下担任司隶校尉一职。他时常与军中将士们饮酒。有一次,又与诸将滥饮,"酒美,不能止,醉烂肠死"(《三国志·任城陈萧王传》)。北齐的绍廉,能饮酒,且酒量特大,"一举数升",有一次因饮得过急过猛而当场毙命(《北齐书·文宣四王传》)。

三是贪杯罹灾祸。《韩非子》载,春秋时期,楚共王和晋厉公交战于鄢陵(今河南鄢陵)。刚一开战,晋国的军队便分击楚军的左右翼。楚军的精锐力量尽在中翼,可大司马子反却喝得烂醉,根本无法指挥战斗,致使楚军大败,楚共王的眼睛也被射伤。楚军只好退兵而还,回到楚国后楚王立即下令杀了子反。

酒禁

过度饮酒,既会伤身减寿,破财渎职,丧德败性,又浪费粮食,所以很早就有禁酒的呼声。

西周《酒诰》的颁布,标志着中国古代第一部禁酒法令的产生。其后,各朝各代,禁酿禁酤禁饮,均由统治君主不定期颁发诏文效令的方式强行实施。考诸文献,历代酒禁,大多围绕以下一些颇具共性的原因进行。

其一,因各种天灾而禁酒。《汉书·景帝纪》载,中和三年,"夏,旱,禁酤酒"。在此一类材料中,朝廷酒禁的直接原因是旱灾、水灾、蝗灾等。古人认为,灾异现象产生是上天降怒所致,是上天对人世种种不良行为所实施的天意惩罚,而要消除灾异,求得上天的谅解,就必须约束、收敛人世自身的种种不良行为。禁酒禁饮,用行政强制手段限制或放弃这一通常被认为是"奢侈"的物质生活享受,正是人世社会自我克制、自我约束以化解天意、消除灾患的重要实际行动。

其二,因靡谷而禁酒。酿酒靡谷耗粮,当庄稼歉收、食粮匮乏、米价踊贵之际,禁酿禁酒便成为统治者惯常采取的权宜节粮措施。如《新唐书·食货四》载:"唐初无酒禁……肃宗以廪食方屈,乃禁京城酤酒,期以麦熟如初。"由于此类禁酒以谷粮的损益为转移,故一旦五谷丰登,粮食盈余,朝廷便解禁开酿,任民间酩饮如常。

其三,为稳定社会秩序而禁酒。古人通常把酒与人性善恶相联系,《说文·酉部》载:"酒,就也,所以就人性之善恶也。"一旦饮酒过量,必然"过者败德",人性恶的一面难免不因酒精的刺激膨胀失控而产生种种越轨行为。《魏书·刑罚志》载:"是时,年谷屡登,士民多因酗酒致讼或议主政。帝恶其如此,故一切禁之,酿、酤、饮皆斩之。"在这里,禁酒是在"年谷屡登",即丝毫可以不考虑"酿酒靡谷"的情形下发生的,其根本目的在于维护专制王朝社会秩序的稳定。

然而,纵观中国古代的禁酒政策,虽然其在一定时间、一定程度上取得了一些效果,但就整体上看,禁酒是不成功的。因而,一味禁酒是行不通的。酒,并非毒品,无论过去、今天,还是将来,我们都没有必要将其禁绝。不过,我们也应该看到,古人由于过量地饮酒和不文明地饮酒,每年酿酒、饮酒不仅耗掉了大量的粮食,而且耗糜了不可计数的财力和精力;对工作效率、劳动安全和健康的损害更是不可估量。有熟语云:"少饮不济事,多饮济甚事?有事坏了事,无事生出事。"(金埴《不下带编》)它既反映了古人对酒的认识,也告诉了我们酒在古代生活中的实际意义。然而人性有着难以克服的弱点,发明酒和耽于酒,是人类聪明和糊涂的一个死结。

六　亦食亦药

　　中国古代有医食同源的说法，最早的药物都是食物，所以中国医学与饮食一开始就结下了不解之缘。中国传统的医学知识与饮食保健理论以及烹饪经验相结合，便产生了我们常说的食疗和药膳。其主要特点是"寓医于食"，既将药物作为食物，又将食物赋以药用，药借食力，食助药威，既有较高的营养价值，又可防病治病、保健强身，二者相辅相成，相得益彰。因此可以说，食疗之术不但是中国饮食文化中一个不可或缺的组成部分，而且是中国医学宝库中的珍品。

五味与保健

食疗作为中国医学的一个组成部分,其治病原理完全是建立在中医理论的基础上的,其实施也是以中国哲学的阴阳五行、八纲辨证等理论作为指导原则而进行的。按照中医学理论,饮食之物都具有温、热、寒、凉、平的性味,也有酸、苦、辛、咸、甘的气味,因此可以根据患者的病症和人们的体质进行辨证施食和辨体(质)施食。食物的性味必须与人或疾病的属性相适应,不然会引起负面作用而影响健康和疗效。一般而言,寒凉食物如苦瓜、西瓜、雪梨、薏米、小米、绿豆、茄子、莲藕、菱角、柿饼、田鸡和甲鱼等,多具有清热、泻火和解毒之功,可用来治疗热证和阳证。温热食物如酒曲、蚕豆、酒醋、生姜、大葱、大蒜、芥子、荔枝、鸡肉、鲫鱼、海虾等,多具有温阳和散寒的作用,可用来治疗寒证和阴证。平性食物如粳米(大米)、黑豆、黄豆、山药、南瓜、花生、猪肉、雁肉、银鱼、鲤鱼等,对热证或寒证均可配用,尤其是对那些虚不受补、实不敢泻者,更为适宜。

以上是就食物的五气而言,五味也是如此。中国医学认为,食物的五味与五脏有一定的关系。一般来说,辛入肺,甘入脾,苦入心,酸入肝,咸入肾。因此,在利用食物治病时,应考虑这样一些原则:肝病忌辛味,肺病忌苦味,心、肾病忌咸味,脾、胃病忌甘酸,孕妇老幼宜淡味,热性疾病宜苦味,清泻宜淡味,滋补宜甜味。但甜而不能浓,淡应带微咸。在上述中医理论的指导下,食物在治病时的宜忌就产生了。与病相宜则食,于身有害则禁。临床实践证明,某些疾病突然变化,恢复期延长,以及愈后复发等,大都与口腹不慎、恣意饮食有关。这种赋予食物以性味和气味,并运用中医的"四诊""八纲"进行辨证施治,从而给不同体质、不同患者以不同的食疗,在世界上是颇为罕见的(钱伯文、孟仲法、陆汉明等《中国食疗学》)。

医食并重

我国古代医家在进行医药治疗的同时,对食治食养也非常重视。我国第一部药物专著《神农本草经》收载药物365种,分上、中、下三品,其中列为上品的大部分为谷、菜、果、肉等常用食物。《周礼·天官》有"食医""疾医"之属,所设"食医",即专职管理食物养生和饮食卫生的医生。《黄帝内经·素问·五常政大论》中明确指出,疾病缓解后应该"谷肉果菜,食养尽之",以助康复。《素问·脏气法时论》载:"毒药攻邪,五谷为养,五果为助,五畜为益,五菜为充,气味合而服之,以补益精气。"说明早在先秦时期,我们的祖先在治疗过程中就主张食药并重了。东汉名医张仲景也极力主张药食结合。他认为人体平时的将养,主要靠合理的饮食。有了病不可乱吃药,因为药力总是偏助于某一方面,可能引起另一方面的不平衡,这样更容易造成

抵抗力下降,也就会闹出更多的疾病(张仲景《金匮要略》)。他曾采用不少食物来治病,如所著《伤寒论》和《金匮要略》中所载的"猪肤汤"和"当归生姜羊肉汤"等都是典型的食疗专方。唐代孙思邈编著的《千金要方》与《千金翼方》都有专章论述食疗食治。他主张治病要弄清病情,先行食治,食疗不愈,然后再行药治。他在《千金要方·食治》中强调说:"若能用食平疴,释情遣疾者,可谓良工,长年饵老之奇法,极养生之术也。夫为医者,当需先洞晓病源,知其所犯,以食治之,食疗不愈,然后命药。"

大约从唐朝末年开始,人们已不满足于探讨单味食物的治疗保健作用,开始了复合方剂的研制,出现了一种新的医疗体系,具有现代意义的药膳出现了。药膳的出现是医疗与食养结合的典型,它将中药和中餐有机地结合起来,具有食物和药物的双重作用,取药物之性,用食物之味,食借药力,药助食威,相辅相成,以达到营养滋补、保健强身和防病治病的目的。药与膳的结合,将古代食疗学又推向了一个新的发展阶段。开拓这个新阶段的代表性著作是昝殷的《食医心鉴》。该书在论述每类病证后,具体介绍相关的食疗方剂,先说明疗效,再列举食物和药物名称与用量。所选用食物以稻米、薏仁、山药、大豆、鸡羊肉、鲤鱼、猪肝、牛乳为常见,辅以相关药物,可以称为初级药膳。如治五痢用鲫鱼脍,治疮用杏仁粥,治心腹冷痛用桃仁粥等,大多为食药合一的剂型。到了宋代,药膳又有发展,应用也更加广泛。如《太平圣惠方》和《圣济总录》都分别有几卷专论食治。两书所列食疗方大多属药食共煮的药膳形式。如葱粥方:用葱白十四茎切细,以牛酥半两炒葱,再加入粳米二合,加适量水煮粥,治伤寒后小便赤涩、肚脐急痛。

补肾羹方：以羊肾一双去脂，用葱白、生姜入五味作羹，治肾劳虚损、精气竭绝。自此以后还出现了《寿亲养老新书》《饮膳正要》《食鉴本草》《随息居饮食谱》《饮食辨录》等食养专著，其中都记载有大量的药膳，说明医疗与食养结合的治疗方法一直都很受人们的重视。这种治疗方法是中医的特色之一，为世界各国所瞩目。

元代忽思慧著《饮膳正要》

值得一提的是，我国古代食疗食品种类繁多，大体有菜肴、药粥、点心、饮料汁液四大类。

菜肴

菜肴指具有食疗作用的荤素菜品的总称。从其形式来看，有汤、羹、脍、灌肠、鸡、鸭、鱼、肉等经过加入药物或其他食品作料烹调的肴馔等。如唐代孙思邈《千金方》中的"煮牛脾",将牛脾洗净,切片,砂锅内加水适量,白煮牛脾至极烂,食之可健脾消积。清代《食谱》一书中的"红烧甲鱼",将甲鱼杀死,刮开去壳及内脏,洗净切成小块;锅内放油,烧至七成熟,把甲鱼肉放入煸炒;再把生姜、花椒、料酒、冰糖等入锅,添上水,先用大火烧沸,然后用微火炖至肉烂出锅,食之可滋阴凉血。在中国医学文献中,这类食疗菜肴的记载极其丰富,而且其疗效也很好。

药粥

药粥是指用粮食加药煮成的半流质食品,是用得最多、普遍受到欢迎的一种食疗食品。唐代昝殷的《食医心鉴》,共收集食疗验方约200首,其中载药粥57首,为后世药粥疗法奠定了基础。自此以后出现的食疗专著都记载有大量的药粥,

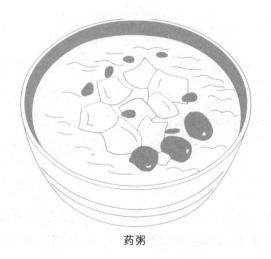

药粥

其中《太平圣惠方》119首,《圣济总录》100首,《饮膳正要》31首,《本草纲目》62首,《尊生八笺》35首,《饮食辨录》53首。清代黄云鹄的《粥谱》一书,则是一部专门论述药粥的专著。可见药粥一直都很受人们的重视。

点心

点心指具有防治疾病作用的小食品。它以食为主,或杂有药物,或全无药物。古代的食疗点心极为丰富,散见于历代食治书籍的记载中,如《云林堂饮食制度集》一书所载的就有煮面、煮馄饨、黄雀馒头、冷淘面、糖馒头、手饼、蜜酿红粉丝、熟灌藕、白盐饼子、水饺十种。

常用者有饼类:多为面粉制成,如《食宪鸿秘》中的"橙饼"可宽中,降气,止咳;《本草纲目拾遗》中的"糖橘饼"可止咳祛痰;《圣济总录》中的"羊肉索饼方"可治脾胃气弱。

糕团类:用米粉制成的块状或团状食品。通常是在制作时往糕中加一些滋补药品,使之成为滋补食品,如《山家清供》中的"洞庭馇"加了莲子粉,"蓬糕"加了白蓬草,《易牙遗意》中的"五香糕"则加了人参、白术、茯苓、茴香、薄荷等。这些都是食疗食品。

饆饠:制法与包子或饼类似,是以药及动物内脏为馅,包以面粉煨制而成的。如《圣济总录》中的"猪肝饆饠"可治虚劳气痢,《岭表录异》中的"蟹黄饆饠"可治产后闭血。

面类:如《山家清供》中的"百合面""春秋仲月采百合根,曝干捣筛和面作汤饼(面条),最益血气"。此外,《饮膳正要》中的春盘、皂羹面、山药面等,也都是食疗食品。

馄饨：花样繁多，有煮、蒸、煎、炸之别。如《圣济总录》中的胡椒馄饨就是用胡椒、干姜（炮）、诃黎勒皮、羊肉等为原料，以面粉做小馄饨，煮熟空腹食之，可治气痢。《饮膳正要》中的鸡头粉馄饨等也属此类。

馄饨

饭类：是用得较多的一种食疗食品。如《圣济总录》中的"葛根饭方"，用葛根四两捣粉、粟米饭半升拌匀，加豉汁急火煮熟，再加五味葱白调食，治中风狂邪惊走、心神恍惚、言语失志。《山家清供》中的玉井饭、蟠桃饭、青粳饭等也属此类。

馒头、包子类：很常用，如《饮膳正要》中的无花包子、鹿奶肪馒头等即为保健食品。

酥：是一种用面粉和药物等制成的松而易碎的点心。如"茯苓酥"就是利用茯苓、松脂、生天门冬、白蜜、牛酥混合炼制而成的，食之"主除百病"（孙思邈《千金要方·养性》）。又如"杏仁酥""主万病""除诸风虚劳冷"（孙思邈《千金要方·养性》）。

传统小吃店铺

饮料汁液

古代常用的食疗饮料汁液有汤、酒、茶、饮、汁、乳等。如明代周履清《续易牙遗意》中的"乌梅汤"用乌梅、甘草末、干姜末、砂糖共煮而成,食之养胃、益气、生津。明代钟惺《饮馔服食谱》中的"黄梅汤"用黄梅肉、干姜末、干紫苏、甘草、檀香、炒蜜混合拌匀,盛入瓷器中晒干以备服用,有理气、和胃之功效。药酒系用药材浸制而成,常用于防病及辅助药疗。如胡麻酒,盛夏之时,"正午各饮一巨觥,清风飒热,绝无暑气"(林洪《山家清供》卷上)。"丁香煮酒"是把黄酒放在带盖的瓷杯中加热蒸炖而成,服之可治心腹冷痛、腹胀、食少吐泻诸证(孙思邈《千金翼方》)。茶类用作防病疗疾,一般是用单独的茶或与一

些药物合制而成。如清代《饮馔谱》中的"枸杞面茶"是用松萝茶与面粉、枸杞、羊油、麻油、芝麻、松仁、瓜子仁等合制而成，食之可滋肾润肺，补肝明目。汁类大多是新鲜果品等榨的汁，如清代吴鞠通《温病条辨》中的"生津代茶饮"，清张锡纯《医学衷中参西录》中的"二鲜饮"，以及"甘蔗生姜汁""玉米须饮""健脾饮"等属此类。乳品也是常用的食疗食品，如清代朱彝尊《食宪鸿秘》中的"乳酪方"可补肺、润肠、养阴、止渴。《丹溪心法》中的"姜汁牛乳"可润皮肤、养心血、利大肠（钱伯文、孟仲法、陆汉明等《中国食疗学》）。

唐代医家孙思邈

古代的食疗食品不但种类多，面广，而且其加工制作方法也相当完备，现代的蒸、煎、煮、炖、炒、烹、炸、煲、焖、煨、烧、烤等烹调手段无不具备，从而使这些食品不但具有一定的疗效,而且色香味俱佳。同时,由于都应用天然食物和药物的原料进行加工,具有污染少和基本上不含化学添加剂等优点,所以易为患者和人们所接受,较药疗更受人们欢迎,易被推广。

食 治 方 法

因人而膳

不同的人体,其性别、年龄、体质是不尽相同的。因此,食治必须充分考虑到体质强弱之殊、男女老少之异。食疗食品,即使同一类的病症,也要因人而异。如"老年人咳嗽,火乘肺也,若温补之则宜,峻补之则危"(陈直《养老奉亲书·简妙老人备急方》)。妇女患者有月经、怀孕、产后等情况,食治时要慎重对待,如"妇人妊娠,不可食兔肉……令子无声音"(张仲景《金匮要略·禽兽鱼虫禁忌并治篇》)。"鱼无肠胆者,不可食之,三年阴不起,女子绝生"(张仲景《金匮要略·禽兽鱼虫禁忌并治篇》)。小儿正处于生长期,所以进行食疗时须慎重。如芡实,"主温腰脊强直,膝痛;补中熊,益精,强志意,耳目聪明。作粉治风痹,食之,甚好"。然而对于小孩则不利,"此是长生之药,与莲实同食,令小儿不能长大"(孟诜、张鼎《食疗本草》卷上)。

汉代医家张仲景

　　个体素质有强弱之别,还有偏寒偏热以及素有宿疾的不同,所以在进行食物治疗时应区别对待。如公鸡、猪头肉等对一般人而言是有其补益作用的,但患有肝阳头痛、头风者则不可食用,食用可诱发宿疾。羊肉乃上等食品,营养丰富,但"有宿热者,不可食之"(张仲景《金匮要略·禽兽鱼虫禁忌并治篇》)。又如有少数特异素质的人,食用海鲜及鱼、虾、蟹等可出现过敏反应,诱发荨麻疹、哮喘等病。

因时而膳

　　中医认为,人与自然界是一个统一的整体,即所谓"天人相应"或"天人合一"。自然界一年中有四季变化,人的生理活动也会随之变化。饮食的因时而膳,就是要注意随着不同的气候,选择合适的食物和食量。《圣济经》卷六载:"是以春气湿,食麦以凉之。夏气热,食菽以寒之。秋气燥,食麻以润之。冬气寒,食黍以热之。春夏为阳,食木火畜以益气,秋冬为阴,食金水之畜以益。"这里强调了人应该根据不同的季节饮食,并说明了原因。《千金食治·序论》也载:"春七十二日,省酸增甘,以养脾气;夏七十二日,省苦增辛,以养肺气;秋七十二日,省辛增酸,以养肝气;冬七十二日,省咸增苦,以养心气。"说明古人食养即注重因时而膳。如春天阳气生发,万物生长蓬勃,人体腠理疏松开泄,此时不可多食辛热动火的食物,而应多吃绿色清淡的蔬菜以及荸荠、鸭梨之类的水果;夏季盛暑炎热,出汗多,可多补充一些清凉饮料和瓜果,如百合绿豆汤、银耳羹、扁豆粥、荷叶粥、酸梅汤,以及西瓜、冬瓜、丝瓜等,不要多食油腻食物,也不可贪食生冷;秋季气候干燥转凉,人体腠理致密,阳气敛藏于内,此时可多吃些甘凉清润的食物,如荸荠、梨、藕、菱等;冬季天寒地冻,万物伏藏,则应选食温热补品,诸如羊肉、狗肉、羊肉粥、肉苁蓉粥、附片炖狗肉、八宝粥、桂圆红枣汤、赤豆粥等。

因地而膳

《食疗本草》卷上指出:"南方羊都不与盐食之,多在山中吃野草,或食毒草。若北羊,一二年间亦不可食,食必病生尔。为其来南地食毒草故也。若南地人食之,即不忧也。今将北羊于南地养三年之后,犹亦不中食,何况于南羊能堪食乎?盖土地各然也。"说明饮食必须因地制宜。如我国北方地区,冬季气候多严寒,可选用一些大温大热之食品,如羊肉等;而南

方气候稍温和,则宜选用甘温清补之食品,如猪肉、鸡、鸭、鱼等,大温大热之羊肉则不可多食,多食则助热动血。又如山区缺碘,就应适当多吃些含碘食品,如海带、水产;低氟地区应多饮茶,以防止龋齿。地区不同,对患者的饮食疗法也应当有别。即使患者有相同病症,食物治疗也应考虑不同地区的特点。如辛温发表食治外感风寒证,在西北严寒地区,食量可以稍增;而在东南温热地区,食量就应稍减。

唐代医家孟诜著《食疗本草》

饮 食 宜 忌

中医历来重视饮食宜忌,食治过程中同样要掌握这一原

则。饮食宜忌一般分为食物与食物之间的宜忌和食物与药物
之间的宜忌两类。

食物与食物之间的宜忌

早在秦汉时期就有《神农黄帝食禁》《神农食忌》《老子禁
食经》等著作出现,但原著均佚失,内容不详。此后,汉代的
《五十二病方》及《武威医简》,唐代的《食疗本草》及《外台秘
要》,以及明代的《本草纲目》等书,都记载有食忌的内容。根
据文献记载,食物之间的禁忌有西瓜忌羊肉、鲜鱼忌甘草、柿

明代医药学家李时珍

子忌螃蟹、豆腐忌蜜糖、狗肉忌绿豆、生葱忌蜂蜜、香蕉忌地瓜、兔肉忌荠菜、甲鱼忌花菜、鸡蛋忌糖精、香蕉忌芋头、竹笋忌鲫鱼、兔肉忌姜橘、虾鲙忌猪肉等。其中有些宜忌是符合科学道理的。如柿子忌螃蟹，这是因为柿子内含有鞣酸，若柿子与蟹同食，柿子内的鞣酸可与蟹内的蛋白质结合成不溶于水的鞣酸蛋白，造成胃（或肠）石症。

药食禁忌

清代名医章杏云曾指出："病人饮食，藉以滋养胃气，宣行药力，故饮食得宜足为药饮之助，失宜则反为药饵为仇。"（章杏云《调疾饮食辩》）这一说法至为精当。患者服中药时，有些食物对所服之药有不良的影响，则应忌服。也有某些食物可以促进药物作用的发挥。关于药食禁忌，古代文献上有：茯苓忌醋，薄荷忌鳖肉，甘草、黄连、桔梗、乌梅忌猪肉，鸡肉忌黄鳝，鳖肉忌苋菜，天门冬忌鲤鱼，白术忌大蒜、桃李，人参忌葡萄，等等。古代医家还注意到某些食物对药疗有缓解作用，对于药食宜忌的认识已有一定的深度，知其然，也知其所以然。如"凡饵药之人，不可食鹿肉，服药必不得力。所以然者，以鹿常食解毒之草，是故能制毒散诸药故也"（孙思邈《千金要方·食治》）。

七 饮食礼俗

　　中国历代文化,是一种高度符码化的文化,社会生活的方方面面,都被纳入一种象征符号体系之中,恰如马克思所说的政治法律等等的"语言",极其发达。这种"语言",就是中国历代社会的"礼"。"礼"作为中国文化的高度概括,渗透到中国传统社会生活的各个层面,是考察民族的历史、文化和心理素质的"社会化石"。作为"礼"之重要内核的饮食礼俗,是传统礼俗文化中最具普遍性的事项。因此考察中国传统饮食礼俗,对于深化中国历史、传统文化和社会生活史研究的意义是不言自明的。

宴 饮 之 礼

　　宴饮之礼，顾名思义，指的是人们在宴会上的饮食礼仪，或者说是人们参加宴会时基本的饮食行为规范。宴饮之礼在古代由宴礼和乡饮酒礼合称而得来的。

礼的起源与宴饮之礼

　　礼作为一种道德、行为规范，从它诞生时起，便与饮食结下了不解之缘。虽然关于礼的起源众说纷纭，但来自儒家学说的一种主流观点认为礼的渊薮应追溯到古代社会的饮食活动，更确切地说，是对祖先和鬼神的祭祀活动。《礼记·礼运》载："夫礼之初，始诸饮食。其燔黍捭豚，污尊而抔饮，蒉桴而土鼓，犹若可以致其敬于鬼神。"意思是说，上古之时，礼开始于饮食，当时人们把黍米、小猪放在烧热的石头上烤熟，在地上挖个小坑当作酒壶，然后双手捧起来喝，用草扎成的槌子敲打地面当作击鼓的乐声，他们用这种方式来表达对鬼神的敬意好像也是可以的。由于当时生活条件有限，因此孔子认为这种原始的祭祀方式还是可取的。这种祭祀方式随着生产力的发展及人们生活水平的提高而不断改进、完善，最终固定下来形成一套完备的典制规范，称作祭礼。礼的繁体字为"醴"，表示把食物放在"豆"（古代的一种器皿）中以供奉鬼神。

　　我国先民十分敬重祖先和鬼神,希望通过祭礼来表达敬意,并祈求获得祖先和鬼神的护佑。《诗经·小雅·楚茨》载,"神嗜饮食,卜尔百福",又载"神嗜饮食,使君寿考",即是说神喜欢吃美味佳肴,诚心地供奉他们,他们就会赐予你很多福祉,使你长寿。

　　祭礼最初是为了祀奉鬼神以求福,处理的只是人与神之间的关系。但后来祭礼的作用逐步扩大,成为解决社会关系的一种重要方式。如孔子所言,"以正君臣,以笃父子,以睦兄弟,以齐上下,夫妇有所"(《礼记·礼运》)。也就是说,通过祭祀中的种种礼仪,可以端正君臣的关系,加深父子的感情,使兄弟和睦,使上下齐心,让丈夫妻子各有自己应处的地位。

　　从原始社会后期开始,人与人之间的关系日益复杂,除了祭礼之外,也需要如祭礼般的其他礼仪规范来约束人们的行为。在当时,人们以传统习惯作为全体氏族成员在生产、生活的各个领域内遵守的规范。阶级和国家产生后,上层阶级为维护社会稳定和加强统治,对其中某些传统习惯加以改造和发展,从而形成各种礼仪,严格规定了贵贱、尊卑、长幼等秩序。

　　先秦时期,我国先民习惯于席地而坐,席地而食。这主要有两个方面的原因:一是殷周时代还没有桌椅板凳,当时人们继承着穴居的遗风,以芦苇编席铺在厅堂里,所以居坐、睡觉和吃饭都是在铺席上。二是当时大多数住房较为低矮窄小。《左传》记录了这样一个故事,齐国的臣子庆舍与别人搏斗,被人刺伤后,他还能抓着房子顶部的梁柱。由于房屋低矮,人们在室内便只能席地而坐、席地而食了。值得一提的是,根据礼仪,铺席很有讲究,地位、身份的不同,铺席的种类、重数也相应地有所差别。比如贵族可以铺竹席、兰席、桂席、苏熏席、象牙席,平民一般只能用简单的草席;天子铺席五重,诸侯铺席

三重,大夫铺席两重。后来,礼制松弛,一般都只铺席一重或者两重。铺席两重的,当时称为"重席"。重席的下面一重类似于今天的地毯,面积较大,唤作"筵";上面一重类似今天的坐垫,相对于"筵"来说,要短小精致得多,称作"席",二者合称为"筵席"。古人宴请宾客时,常在筵席上或坐或跪而宴饮,通常是一人一席,久而久之,筵席也就由先前的坐垫引申出酒席的意思,成为酒席的代名词。

席地而食的礼节主要包括席次和坐姿两个方面。宴会时,席次必须按身份、地位来安排,地位最高、身份最尊贵的要坐在首席位置,称作"席首"或"席尊"。

按照现代人的观念,先秦时所说的坐姿与其说是坐,不如说是跪,因为古人席地而坐时要求双膝着地,臀部压在脚后跟上。有时为了表示双方的彼此敬仰之情,还要把腰板挺直,因此称为跪或跽。除此之外,席子应铺得端正,不能歪歪斜斜,坐席摆放的方向也必须要符合礼制。正如孔子所说:"席不正,不坐。"(《论语·乡党》)

孔子:"席不正,不坐。"

在用餐时,人们跪坐在席上,将煮肉、装肉用的鼎放在中央,每人面前放着一块砧板,这块板叫作"俎",然后各自用匕把肉从鼎中取出来,摆在俎上,用刀割着吃。后来形容某人的生死祸福由别人控制时,称"人为刀俎,我为鱼肉",即来源于此。饭在甑中煮熟后也用匕取出,放入簠、簋、盨等器皿中,再转移到席上。酒则贮入罍中,要喝酒的时候先注入尊或壶中,放在席子的边上,然后用勺斗斟入爵、觥、觯、觚等酒器中饮用。古人吃肉用刀匕等工具,吃饭则用手来抓。如今在我国一些边远地区仍盛行手食,如新疆的维吾尔族、台湾的高山族还保留着用刀割肉、用手抓饭的古老习俗。

商周时期,富贵人家的席前还常置有食案,食案一般都非常矮小。到了汉代,食案逐渐取代了俎。在家中丈夫用餐时,妻子要用双手把案举起来,举到与丈夫的眉毛一样高的地方,然后再放到丈夫的面前。被后人看作贤妻典范的孟光,每次

举案齐眉

给丈夫梁鸿送饭时总是把食案举到齐眉的地方,不敢仰视丈夫,以表示对丈夫的敬重。这就是"举案齐眉"的故事,成为夫妻相敬如宾的千古美谈。当时的食案比较轻巧,女子能轻易地举起来。

乡饮酒礼中的宴饮之礼

宴饮之礼的称谓来自于宴礼和乡饮酒礼,要了解宴饮之礼,就必须先弄清楚宴礼和乡饮酒礼。我们先来看乡饮酒礼。

乡饮酒礼最早见于先秦儒家经典《仪礼》中。据说周代的乡饮酒礼每年秋季举行一次。这时正是五谷丰登、秋高气爽的时节,乡人聚在一起饮酒、共同庆祝丰收。参加酒宴的是乡间德高望重的贤能长者。《周礼·地官·乡大夫》记载,每隔三年,乡老及乡大夫都要对本乡人的德行和才能进行一次考察,然后把有德有才的人举荐给国君。为这些选中的贤人饯行时,乡老及乡大夫还要请乡中德高望重的人陪同宴饮。一方面,这体现出当时人们对贤能之士的敬重;另一方面,也表现了人们对老人的尊敬。为了体现对贤能之士的敬重,乡饮酒礼的活动主要是以主人与宾为中心而展开的。而为了表达对老人的尊敬,饮酒时要按年龄大小安排席位,称作"正齿位"(《礼记·乡饮酒义》)。具体来说,六十岁以上的老人坐着饮酒,五十岁以上的人在旁边站着;六十岁以上的老人可以享用三种菜肴,七十岁以上的老人可以享用四种菜肴,八十岁以上的老人可以享用五种菜肴,九十岁以上的老人可以享用六种菜肴。

在周代时,参加乡饮酒礼的人物分为以下几类:主人、宾、介、众宾等。乡饮酒礼的主人为乡大夫,通常是已经退休的卿大夫;宾是推荐给国君的贤能之人;介也是乡里贤能的人,在乡饮酒礼中辅佐宾行礼。众宾就是其他一般的陪宾。此外与主人一起确定乡饮酒礼宾、介身份的人被称作先生,是从官场上退休后在乡学、州学中任教的人。按照《仪礼·乡饮酒礼》及《礼记·乡饮酒义》等文献的记载,乡饮酒宴有一套相当复杂的宴饮礼仪,包括主人与宾客的进退揖让、席次的安排与方位,以及饮酒祝酒的程序和敬酒上菜的次序等。

邀请宾、介及布置筵席 主人身着朝服先到先生处与先生商定宾和介的人选。确定后,主人前往宾的住处去邀请宾;主人和宾相互行礼,一番礼让后宾答应出席,并约定好日期。主人然后再去邀请介。

韩熙载夜宴图
(局部,作者为五代十国时南唐画家顾闳中)

接下来就是布置筵席的工作。席位按照宾、介、主人等类分别设置,众宾的席位要相互独立,不能相互连接。酒壶、筐(音同"匪")、洗等器皿也按照一定的要求摆放在适当的位置。设筵用以黑布镶边的蒲席,牲用狗,献酒用爵,其余用觯。宾、主人、介的俎里,放置着不完全相同部位的狗肉。

召请宾、介及迎宾 举办乡饮酒礼那一天,等肉羹做好了,主人就要前往宾的住处召请宾、介。宾和众宾随后赶过来,主人与一位傧相在乡学的大门外迎接宾客。主人先进大门,宾随后从左边的门进入,再轮到介进门,最后众宾都从左边的门进去。主人、介、宾、众宾之间相互礼让三番才上堂。

主人与宾、介相互进酒 主人先下堂洗手、洗酒爵或觚,此时,宾也要随之下堂。主人要辞谢宾下堂;宾则以礼回应。洗手、洗爵完毕后,主人和宾一起上堂。然后,主人再次下堂洗手,宾也要再次下堂,双方之间礼让的礼节与刚才相同。于是,双方再次上堂,主人斟酒之后向宾献酒。宾拜谢,接过爵,回到席位坐下,先用脯醢(音同"海")祭祀,再祭酒。宾祭祀完毕,要称赞美酒;主人答拜;宾把爵里的酒喝完,拜谢主人,主人要再答拜。这是主人向宾献酒,称为"献"。接下来宾斟酒回敬主人,称作"酢",仪节与"献"基本一样,只是主、宾的角色颠倒过来:宾为敬酒者,主人成了接受敬酒者,因此礼节正好与前面相反。但是主人喝完酒后,不能称赞美酒。主人还要为介洗爵、进酒,介祭脯醢、祭肺、祭酒,但不尝肺,不尝酒,不称赞美酒。介也要为主人洗爵、进酒,然后主人祭酒、饮酒。其过程与主、宾相互进酒类似。

主人与众宾长相互进酒 主人下堂洗爵,然后上堂斟酒,为众宾长三人进酒。众宾长三人上堂接受酒爵,坐着祭祀,站立起来饮酒,喝完后回到原位。主人再向众宾进酒,众宾也是坐着祭祀、站起来饮酒。

举觯者授宾 主人、宾、众宾长、介等人上堂入席。主人任命一侍从洗觯,升堂举觯授宾。举觯者斟酒,与在末席的宾对拜,然后举觯者坐下祭酒、饮酒,饮完后再站起来。举觯者与宾再对拜,举觯者下堂洗觯,上堂斟酒,送到宾的席前。宾站起来接受觯后又坐下,举觯人下堂。

奏乐 乐工有四人,乐正先上堂,乐工后上堂。乐工演唱《鹿鸣》《四牡》《皇皇者华》等。演唱完毕,主人向乐工献酒。侍从帮助为首的乐工祭酒、祭脯醢。为首的乐工饮酒后,其余众乐工跟着祭酒、饮酒。每人献时都有脯醢,但不祭脯醢。如果有乐工大师,主人则要为他下堂洗爵。

吹笙人进来并演奏《南陔》《白华》《华黍》。主人为吹笙人进酒。吹笙人中长者一人不上堂,坐下祭酒、祭脯醢,站起饮酒,其余吹笙人坐下祭酒,站起来饮酒。其余吹笙人献时都有脯醢,但不祭脯醢。

接着,演唱与吹奏交替进行:演唱《鱼丽》,吹奏《由庚》;演唱《南有嘉鱼》,吹奏《崇丘》;演唱《南山有台》,吹奏《由仪》。最后,大堂上歌、瑟、磬一起唱奏《周南·关雎》《葛覃》《卷耳》《召南·鹊巢》《采蘩》《采蘋》。乐工报告乐说正歌已演奏完毕,乐正以此告诉宾,然后下堂。

司正酬宾、酬介 主人下堂指定一人为司正,司正在主人上堂回到原位后,向宾转达主人请宾安心坐席的意思,宾同意后,司正又把宾的意思转达给主人。随后,恢复筵席原状。主人与宾相揖入席。司正给觯斟满酒后下堂,做完一定的仪式,不祭酒就直接饮完觯中的酒,然后去洗觯。宾端起觯,酬谢主人,主人与宾对拜。宾不祭酒,立着饮酒,饮完酒,不用洗觯。

再向觯中斟满酒给主人。主人接受觯,然后宾和主人都回到自己的原位,恢复筵席的原状。主人酬介的礼节与宾酬主人相同,主人作揖后入席。

司正旅酬 司正上堂,主持旅酬仪式。说:"某某先生请受酬。"受酬的人出席,司正后退站在序端。受酬者接受介的酬酒,其他众受酬者也接受酬酒。其下拜、站起、饮酒的仪式都和宾酬主人相同。全部酬酒完毕后,最后一名接受酬酒者持空觯下堂,把空觯放回篚中。司正下堂,回到原位。

举觯者授宾、介 主人派二人举觯授宾和介。洗觯后上斟满酒。举觯二人行礼,宾与介在席尾与举觯二人答拜,然后举觯二人坐下祭酒,再饮酒,饮完后行礼,宾与介在席尾再答拜。举觯二人下堂,与上堂时相反的次序下堂,盥手洗觯后再上堂斟满酒,举觯的二人一起前行,把酒觯分别放到宾和介的席上。宾介拜送举觯二人下堂。

撤俎下堂 司正上堂到主人前受命。主人说:"请宾安心坐席。"宾以俎未撤为由推辞。主人请求撤俎,宾许诺。司正下堂命弟子准备伺候撤俎。司正上堂,宾、主人、介、遵者都下席。宾取俎,转身授予司正,司正持俎下堂,宾也随之下堂。主人取俎,转身授予弟子,弟子持俎下堂,主人也下堂。介取俎,转身授予弟子,弟子持俎下堂,介也随之下堂。如果有诸公大夫在场,则使公士接俎,其仪节与宾彻俎时相同。众宾都下堂。众人在堂下脱掉鞋子,像开始一样,宾主揖让上堂,坐下。仆从摆上菜肴,宾主欢饮,爵行无数,歌乐不限,尽欢而止。

退场及拜谢主人 宾退出,奏《陔夏》。主人送至大门外。来客中如有遵者,行礼至"一人举觯"后,诸公大夫可以入内。在宾席的东边为遵者设席,公席三层,大夫两层。公与大夫一样,入内时,主人下堂,宾介下堂,众宾都要下堂,回到原来的位子。主人迎于门内,相互揖让上堂。公上堂,其仪节都与宾相同,公辞去一层席,使一人撤下。对大夫的礼节,则与介相同。如有诸公在场,大夫则要辞去上一层席,卷而放置于席端,不撤下。如无诸公在场,则大夫辞上一层席时,主人作答,不撤去其上一层席。

第二天,宾身穿朝服到主人处拜谢主人,主人身着与宾相同的礼服拜谢宾屈驾来临。主人卸去朝服,于是犒劳司正。无介参加,不杀牲,献上脯醢。菜肴随家里所有的进献,没有什么规定。请的宾客也随意而定,只要告诉给先生和君子就可以了。宾、介不参与。席上所演奏、所咏唱的歌也随意。

燕礼之中的宴饮之礼

"燕"通"宴",燕礼即是宴礼,是古代贵族在闲暇时间,为增进君臣及同僚之间的感情而宴饮的礼仪。

燕礼的时间不像乡饮酒礼那样比较固定,可以因为出使外国、缔结盟约、战争胜利等重大事件而举行燕礼,也可以在平时无事而宴请群臣以求君臣同乐。燕礼在路寝举行,路寝是正寝,是天子、诸侯处理政务的地方。举行燕礼时君臣要穿朝服,祭牲用狗。燕礼的过程及礼节与乡饮酒礼较为相似,但是规格要高得多,人物的身份也是相当尊贵,因此又有所不同,可以说,乡饮酒礼传达的是长幼有序的信息,燕礼更侧重表现出君臣之间的尊卑有序。

为了避免君臣之间尊卑不分的嫌忌,让国君和公卿不被繁琐的礼仪折腾,燕礼中并不是由国君担任主人、公卿担任宾

的角色,而是让主管膳食的、级别为大夫的宰夫担任主人,另一位大夫担任宾。正如《燕义》所说:"设宾主,饮酒之礼也;使宰夫为献主,臣莫敢与君亢礼也;不以公卿为宾,而以大夫为宾,为疑也,明嫌之义也。"根据《仪礼·燕礼》和《礼记·燕义》,燕礼大致有以下环节:

布席及登堂入席　小臣(商、西周初期朝廷官员)为国君留下群臣。膳宰在路寝的东边准备群臣的饮食,乐人挂上新的钟磬。洗、篚、罍、方壶等器皿按照礼节放在适宜的位置。卿大夫用的是两只方壶,国君专用的酒尊是"膳尊",尚未得到爵位的士叫作士旅食者,用的是两把圆壶。不同的酒器放置的位置也不相同。待布席完毕,主持宴礼的人便去报告国君。

国君的席位设在阼阶上,国君就位之后,卿、大夫、士、士旅食者等在小臣的引导下进入寝门。卿大夫在门内的右边、面朝北,按照尊卑的顺序从东往西并排站立。士在门内的左边、面朝东,从北往南并排而立。士旅食者在门内左边、面朝北,从东往西而立。

射人(官名,其职多关礼仪)向国君请示确定主宾人选。国君说:"命某大夫为主宾。"射人把国君的命令转告主宾。主宾要推辞一番才能答应。之后国君向卿大夫拱手行礼,然后登堂就席。随后主宾、主人等人依礼登堂入席。

主人献宾与宾酢主人　主人与宾相互进酒的过程与乡饮酒礼并无多大差别。但是为了突显国君的尊严,在主人与宾献、酢之后,主人还要向国君献酒。

主人向国君献酒　主人向国君献酒时,宾要下堂回避。国君请宾上堂,宾才又上堂站在西序的内侧。主人下堂洗手、洗象觚,然后上堂酌酒献给国君,国君拜谢后接受象觚。主人下堂面朝北,向国君行拜送礼。国君作祭祀,完毕后将象觚中的酒饮尽,拜谢主人。主人在堂下答拜,然后上堂接过象觚,再下堂放入膳筐中。主人另外取出一酒爵洗干净,再上堂酌酒。然后下堂,在阼阶下向国君再拜叩首。国君答以再拜之礼。接着,主人作祭祀,饮完后向国君再拜叩首。国君答以再拜之礼,主人将空觚放入筐中。

主人酬宾 主人下堂洗手、洗觚,然后上堂从方壶中酌酒后向宾行拜礼,宾答拜还礼。主人祭酒,接着饮酒,主人将酒饮尽后拜宾,宾答拜。主人洗觚之后要从膳樽中斟满酒,宾拜谢后接过觚,主人拜送。宾入席祭酒,然后将觚放在脯醢的东边。

旅酬 主人向宾献酒之后,向国君献酒,国君饮完后,再往爵中酌满酒,然后高高举起酒爵,向群臣酬酒劝饮。主人向卿献酒,卿饮完后酌酒高举,向众人酬酒劝饮;主人又向大夫献酒,大夫饮完后酌酒高举,向众人劝饮;主人又向士献酒,士饮完后酌酒高举,向众人酬酒劝饮;最后,主人向庶子献酒,庶子不用酬酒劝饮。

奏乐 燕礼离不开奏乐,堂上鼓瑟,堂下吹笙。乐工在瑟的伴奏下,歌唱《鹿鸣》《四牡》《皇皇者华》,歌唱结束之后,主人向乐工献酒。接着,吹笙者吹奏《南陔》《白华》《华黍》,吹奏完毕之后,主人向吹笙者献酒。随后,鼓瑟与吹笙交替进行:鼓瑟《鱼丽》,笙奏《由庚》;鼓瑟《南有嘉鱼》,笙奏《崇丘》;鼓瑟《南山有台》笙奏《由仪》。再歌奏地方乐曲:《周南》中的《关雎》《葛覃》《卷耳》,《召南》中的《鹊巢》《采蘩》《采蘋》。此时,往往要用射箭的方式来乐宾,仪节充满着人文气息和文明竞争精神。

无算爵 前都摆上肴馔,众人相互劝酒,不再计算行爵的

次数,可以随意饮酒,至醉方休。监酒者对众人进行督察以防有人酒醉失态。

离席 醉时,取走自己席前的脯,然后下堂。乐工奏《陔》,宾将所取的脯赐给敲钟的乐工,出门。卿、大夫跟着出门。

人生礼俗中的饮食礼仪

婚嫁饮食礼仪 在男女结婚时要举行一定的仪式以表示庆贺,这种仪式叫作"婚礼"。在中国古代,结婚要经过六道程序,称为"六礼"。其中,纳采是议婚环节,当女方同意议婚后,男方要备礼请人前去求婚。提亲用的礼物因身份等级不同而有区别,公卿用羊羔,大夫用雁,士用雉,后来一律改用雁。据《白虎通·嫁娶篇》所说,纳采以雁为礼,有两重含义:一是不失节,不失时。雁是候鸟,秋往南飞春又回,从不失信,所以用来象征男女双方矢志不渝。二是嫁娶长幼有序,不相互跨越。雁在飞行时,排列成行,老而壮者在前引导,幼而弱者尾随其后,从不超越。因而在婚嫁中,嫁娶也要按顺序依次进行,非特殊情况,不可以叔季跨越伯仲而成婚。也有人认为,纳采用雁来当作礼品,可能与以猎物为礼的古风遗俗有关。

合卺(音同"锦"),不在婚嫁六礼之列,但却十分重要。所谓合卺,指的是新婚夫妇在新房里一起喝合欢酒,古代也称"匏(音同"袍")爵"。后世通称为交杯酒,以此来表示新婚夫妇从此永结同心。根据《三礼图》所说,合卺是指破匏为二,再合在一起用作饮用的器具。匏就是匏瓜,俗称瓢葫芦,匏剖分为两部分,象征夫妇原本是两个个体,而又用丝线连柄,则又象征着婚礼把二人连成一体。

合卺酒

诞生与生日饮食礼仪 在中国古代,对于妊娠期妇女的饮食,禁忌很多,如忌吃兔肉,人们认为吃兔肉生的孩子就会有豁唇;忌吃生姜,认为吃生姜生的孩子就会有六根手指;还有忌吃葡萄、忌吃狗肉,等等。我国传统的胎教也涉及饮食方面。如《韩诗外传》中孟母对腹中胎儿进行胎教的故事,孟母在怀有孟子的时候,席子铺不正不坐,肉割的不正也不吃。

在孕妇快临盆生产时,还会有一些催生礼。催生礼作为产前的一系列催生的仪式,在宋代就已经出现了。宋人吴自牧《梦粱录》记载,当时杭州人家孕妇快生产时,外舅姑家要送银盆和彩盒等物品,其中就有彩画贴蛋一百二十枚,还有膳食、羊、生枣、栗子等。

婴儿出生后的第三天,要举行三朝礼,与饮食有关的礼节有开奶、开荤以及洗三。江浙地区给婴儿开奶有三道程序:首先由一位能说会道的妇女将黄汤抹儿滴在婴儿的嘴唇上,一边说道:"好乖乖,三朝吃得黄连苦,来日天天吃蜜糖。"然后把肥肉、鱼、糖等烧成的汤水往婴儿嘴唇上再抹上几滴,又说道:

"吃了肉,长得胖;吃了糕,长得高;吃了酒,福禄寿;吃了糖和鱼,日日有福余。"最后再让婴儿吃一口从别人那里要来的乳汁。台湾高山族在婴儿出生第三天举行开荤礼:父母和其他长辈用一块烧煳的猪肉皮涂擦婴儿的嘴,然后大家也都用这块肉皮擦嘴,表示家里添了一口人,并且已经和全家人一起吃东西了;同时也祝愿孩子以后能吃上好东西,过上好日子(钟敬文《中国礼仪全书》)。洗三是指给出生三天后的婴儿洗浴,也称洗三朝。根据胡朴安《中华全国风俗志》下篇卷一《京兆》的描述,洗三那天,要招接生婆到家,并用酒食优待,然后上供品毛边缸炉(北京点心名)五盘,拜床公、床母,接生婆烧香焚神祇后,将火煮过的槐条倒入水盆里,旁边放凉水一碗和两个盘子。一盘盛只分、茶叶、白糖、白布数尺等物品,一盘盛鸡子、花生、栗子、枣、桂圆、荔枝等,都要染过色。亲戚朋友齐聚床前,将各样果子,投数枚于盆内,再加冷水两匙,叫作添盆。之后再由接生婆给小孩子洗浴。洗浴后,将小孩子的脐带盘在肚子上,敷上烧过的明矾末,用棉花捆好所有食物,全部由接生婆带走。这种做法主要是为了清除污秽和祝福小孩子健康成长,前途光明。

小孩子满月后,就要办满月酒。在江南一些地方,小孩子满月时,岳家要挑担送礼,篮子里装着面条、粽子、馒头、鸡、婴儿衣物等。女婿家则要发请帖宴请亲友,俗称满月酒。

孩子长大一些,便要读书了。选定学馆和教书先生后,家长就要准备礼物,带孩子去向先生行礼,以建立正式的师生关系,于是也随之产生了拜师、尊师的礼仪,如束脩礼和释菜礼。脩为干肉,束脩是十条干肉。束脩引申出学费、敬师礼的意思。束脩起自孔子,到唐代时作为拜师的礼仪而发展成固定的制度。唐代学生入州县学校学习,须带一匹帛、二斗酒、五条干肉作为见面礼给老师,后面行束脩礼的具体过程较为繁琐,这里不再赘述。释菜礼也称舍采、择菜,也是古代读书人入学所行的一种礼仪。学生将蘋繁等菜蔬献给老师,表明自己学习志向始终不渝。相传孔子困在陈国,一周没吃饭,靠煮灰菜充饥,仍给学生讲学。在此困境中,颜回在门外给老师行释菜礼,表明自己求学的志向不改,尊师的礼仪不敢忘。至今有些地方仍有将蔬菜放置在老师门前的习俗。

在家中时,也是要从小培养孩子的饮食礼仪观念,如司马光《居家杂仪》规定:儿子能吃饭时,鼓励他自己动手,并教会他用右手拿筷子;七岁时,教他男女不同席、不共食的道理。小孩子七岁以下统称孺子,饮食无规律是允许的,七岁及其以后,饮食就要按时进行了。

等孩子成年时要行冠礼。行冠礼时,行礼人的父亲以酒款待所宴请的宾客,并向他赠送束帛、俪皮等礼品。冠礼后来渐渐泯灭,但在一些地方仍可以瞥见它的遗风。如《延安风土记》所记述的,晚近时期,延安人婚礼前三天,新郎要拜见族里的长者,为长者斟酒,亲戚朋友共饮,由新郎父亲为儿子加冠。次日在门口贴公告,告知他人儿子已经成人了。

敬老饮食礼仪　我国敬老的风尚由来久远,《礼记·王制》中就谈到:舜用燕礼养老,禹用飨礼养老,殷人用食礼养老。周代的敬老礼制兼顾前代做法,根据儒家学者的说法,周代举行敬老仪式时往往以老年人的身份划分场所,而大体以年龄相区别,即所谓的"五十养于乡,六十养于国,七十养于学,达于诸侯。八十拜君命,一坐再至……九十者使人受。"五六十岁者供养在乡基层和诸侯国,七十岁者可以参加在王家学校举行的敬

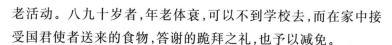

老活动。八九十岁者，年老体衰，可以不到学校去，而在家中接受国君使者送来的食物，答谢的跪拜之礼，也予以减免。

周代另有一套重要的敬老礼制，其规格之高、场面之隆重、影响之深远，实在值得大书特书。这种尊老仪式是针对两类老人的，他们被称作"三老"和"五更"。三老指的是知道天地人事者，五更指的是五行更替者，也就是说他们必须是德高望重、知识渊博的老人。他们在传统礼仪中充当了国君父兄的角色。《礼记·祭义》载："食三老、五更于大学，天子袒而割牲，执酱而馈，执爵而酳，冕而揔干。"国君把三老、五更请到太学里，贵为天子的国君要袒着身亲自为他们割下肉，恭敬而虔诚地献上给三老、五更，并频频祝酒进肉，还要戴着礼冠手持盾牌以歌舞娱乐老者。饭后，天子还要请三老、五更宣讲父子君臣长幼之道，最后，天子还要命令在场的各级贵族及文武百官，回到封地后也要举行这种敬老仪式。总之，这幕由天子亲自导演的典礼庄严隆重而不失热烈，显示了对老人的尊重和景仰。当然，其教化的目的也很明显，即所谓的向天下宣传展示孝悌的美德。国君，这个敬老的典范，其榜样的力量是无穷大的。因此，历代君王都把三代礼制作为文治的重要象征与实行伦理道德教育的传统方式。

西周以后，历经长期动乱，秦短暂统一后很快又陷入了楚汉战争，直到西汉建国，天下才得以安定。在这五百年间，上古的尊老传统不断受到冲击。自汉代开始，古老的尊老礼仪才逐渐得以恢复和发展。封建时代的敬老，有高层和基层之分。高层主要以皇帝为代表行敬老之礼，基层的敬老之礼则突出表现在乡饮酒礼上。

两汉至隋代，敬老礼制断断续续地发展着，而唐代时，对担任三老、五更的官员资格更加严苛,他们必须是曾当过三师、三公而退休的高级官吏。列席仪式上的庶老也由六品以下的退休官吏充当,可见,官吏已经成为君主敬老的主体。

宋、明、清时期,皇帝已经不再到门外迎接三老、五更的到来,而是提前就座,对两位尊贵的老者也仅仅是拱手作揖,而不是恭敬下拜。礼仪的关键环节,即进食、进酒,也不由皇帝亲自动手,而由侍臣代替皇帝进行。

丧葬礼俗中的饮食礼仪 亲人长辈去世,作为孝子晚辈,在居丧期间饮食也要合乎礼制。大致说来,"斩衰,三日不食",也就是斩衰期间,守孝的人必须停食三天,三天过后,才能进食。"既殡食粥,朝一溢米,暮一溢米",入殓以后,守孝的人每日早晚只能吃一溢米做成的粥。小祥(父母死后一周年)后,守孝的人可以吃蔬菜水果;大祥(父母死后两周年)后,可以吃调味品。禫(音同"旦")祭后允许饮酒吃肉,但最初先饮醴酒,先吃乾肉。"有服,人召之不食,不往。"在一些特殊情况下可以有所变通。如遇到丧主有病或者年龄较大,饮酒食肉不受限制,以保证丧主身体健康,完成丧事。

待 客 之 礼

座次安排

在宴饮的座次安排上,一直都是以客为尊。在方位方面,先秦以左为尊(非宴饮场合以右为尊),以对着门的位置为尊。具体来说,以坐西向东的位置为最尊,其次是坐北向南,再次是坐南向北,最次是坐东向西。这种座次的尊卑排序在鸿门宴中体现的最为淋漓尽致,在此有必要介绍一番。

《史记·项羽本纪》载:"项王即日因留沛公与饮。项王、项伯东向坐。亚父南向坐。亚父者,范增也。沛公北向坐,张良西向侍。"

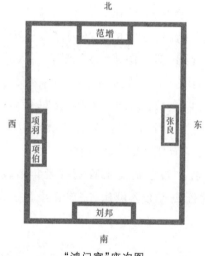

"鸿门宴"座次图

其时,项羽兵力强盛,远胜刘邦,故而是坐西向东,为最尊贵的位置,这充分暴露了他骄纵蛮横,不可一世的气焰。项伯是其叔父,为表示对项伯的尊重,所以与项羽坐的位置相同。范增是项羽最主要的谋士,被项羽尊称为亚父,地位颇高,因此让他坐在稍微次一等的位置,即坐北朝南。刘邦赴鸿门宴在项羽看来是前来负荆请罪,项羽对他一直很恼火,又看不起他，于是项羽安排刘邦坐了再次一等的位置——坐南向北。张良是刘邦的谋士，地位最低，只能站在东边。后来项庄舞剑意在沛公，事情紧急，樊哙闯进宴席，"哙遂入，披帷西向立"，也是站在张良的身边，因为他只是个车右，地位还不如张良，也只配站着。其实，仔细推敲，便会发现其中大有问题，刘邦毕竟是客人，即使不是坐在西面的位置，也应该坐在北面次一等的位置上。但项羽不顾最基本的以客为大的礼节，将刘邦安排在南面，也就是说刘邦身为一方势力的首脑，在项羽眼里，其地位还不如范增，而刘邦一方也是明白项羽的用意，却忍而不作。项羽的傲慢无礼与刘邦、樊哙等人的守礼有节表露无遗。在之后四年的楚汉相争里，各诸侯王纷纷背楚归汉，一定程度上都是项羽骄纵傲慢造成的。鸿门宴堪称楚汉相争的缩影，又是其结局的预言。

家宴中，首席的位置通常留给家庭中的长者，但也有例外。如汉武帝时田蚡官至丞相，招待客人宴饮时，坐西向东，位于首席，而他的哥哥地位不如他，因而坐北朝南，居于次席。田蚡的这种座次安排招致了一些后人的批判，然而就地位而论，却也是无可厚非的。

汉唐时，堂室结构的堂上座次安排却不是如此，而是以坐北朝南为尊。堂上的座次安排依次如下，主宾席在门窗之间，坐北朝南，主人在东序前坐东向西，陪主在西序前坐西朝东，陪主是指陪同上席的主人一方家属。因此有"室中以东向为尊，堂上以南向为尊"一说（《礼经释例》）。

这种堂室宴饮座次方式在我国一直延续了很长一段时间。明代八仙桌流行以后，一桌一般是八人共餐，当然，也会有人数不够的情况。无论人数多少，仍然是按照尊卑的顺序

排座次。定尊卑的原则是：长辈高于晚辈，年长高于年幼。首席的位置很重要，只有首席入座后，其他席才可入座，否则就是失礼。由于我国地域广阔，各地礼俗也有差别，总的来说，可分为南方和北方两种类型。现今的一些地区仍然保留这一礼俗。

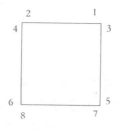

南方通行座次图

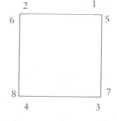

北方通行座次图

其中：1为正宾；2为介宾（副宾）；3为三宾；4为僎（尊善）；5为次僎；6为再次僎；7为工；8为主人。第1、2座称"上座""雅座"，要请最尊者就座，其他人则按尊卑长幼依次入座。主人谦恭，常坐于下位。入席时的礼仪程序是，必待上座者入席，余者方可入席落座，否则为失礼。

南北方座次图

《红楼梦》第三回讲到了林黛玉初进荣国府，为了不惹别人笑话，处处小心，事事留意的她自然对座次也很上心。如她到了王夫人处，"老嬷嬷们让黛玉炕上坐……黛玉度其位次，便不上炕，只向东边的椅子上坐了"。林黛玉小心谨慎、不敢越礼的心态由此可见一斑。后来坐在炕上"西边下手"的王夫人再三催促，她才挨着王夫人坐了。稍后吃饭的时候，贾母是当场身份最高的人，所以正面榻上独坐。两边四张空椅，因为林黛玉是客，凤姐让林黛玉坐左边第一张椅子上，林黛玉仍是十分推让。后来贾母发话说："你舅母你嫂子们不在这里吃饭，你是客，原应如此坐的。"林黛玉这才入了座。通过这一系列举动都表明贾府人和林黛玉很注重礼节，也充分体现出以客为尊的理念。

《红楼梦》第七十五回中还提到了一种圆桌。就一般而言，圆桌是不分座次的，但在某些特殊情况下也要分尊卑。比如在这一回的中秋夜宴中，"凡桌椅皆是圆的，特取团圆之意。上面居中，贾母坐下。左边是贾赦、贾珍、贾琏、贾蓉，右边是贾政、宝玉、贾环、贾兰，团圆围住"。虽然使用圆桌设宴，但座次排序仍分尊卑。贾母地位最高，所以上面居中坐下；贾赦一方是大房，居左；贾政一方是二房，居右；这正体现了左尊右卑的宴饮礼节。贾赦、贾政是父辈，紧挨着老祖宗贾母，贾珍、贾宝玉等人是孙儿辈，按长幼顺序依次往下排去入座。可见，有地位、有名望的大家族更看重宴饮礼节。平常人家的家宴比较轻松、随意，虽有一定的礼节，但也比不上大户人家那么多的繁文缛节。

除了家宴，还有婚宴、丧宴、寿宴等宴饮类型，其目的不同，座次安排也自然有差异。在我国不少地方，婚宴座次的最大特点是娘舅必须坐在首席的位置，由新娘家的长者陪酒，其余宾客按身份或年龄依次入座。而在丧宴上，座次一般也是按辈分和年龄来安排。如果过世的人是高龄长辈，那么筵席的首位就要空出来，并且要摆上一副盘子、碗筷、碟子等，以表达对逝者的尊重和缅怀。如果过世的人不是高龄长者，则首席无须留出空位。寿宴相对来说比较简单，寿星自然是位于首席，其余席位一般不用按辈分、年龄安排座次，常常是孙辈、重孙辈围绕在寿星身边，以表达爷孙之间的亲密和长辈对孙

辈、重孙辈的喜爱与呵护。

现代中式宴饮座次安排继承了传统的宴饮座次礼俗,但也有所变化。中式宴席一般都用圆桌或方桌。一般每席坐八人、十人或十二人,人数根据具体情况而增减。人们特别重视首席位置的安排,其他席位的重视程度相较而言则轻得多。现代中式宴饮座次安排的总体原则是:以面朝大门为尊,以中为尊,以远离大门为尊,以左为尊。

待客礼节

除了座次,根据《礼记》的记载,先秦待客的过程及礼节还包含以下几个方面的内容。

入座时,为了表示谦恭,晚辈、地位较低的人要比长辈、地位较高的人坐得靠后一点,也就是离食案远一些;但进食的时候,无论尊卑大小,都要往前挪动,尽量靠近食案,这是为了防止吃饭时一不小心食物掉落弄脏了坐席。当食物端上来时,客人要起立;贵客到来时,其他的客人也要起立,主人劝吃时,不能置之不理,要热情地接受。

食物的摆放,带骨头的肉放在左边,切好的大块肉放在右边,饭食放在人的左方,羹汤放在人的右方;细切的肉和烤熟的肉放在盛肴馔的器皿之外,离人远点;醋和肉酱放在盛肴馔的器皿之内,离人近点。蒸葱放在醋和肉酱的左边,酒和浆放在羹汤的右边。如果还有干肉的话,则弯曲的干肉在左,挺直的干肉在右。上烧鱼时,鱼尾要向着客人,冬天鱼肚子向着客人的右方,夏天则是鱼的背脊向着客人的右方。凡是调料调和的菜肴,端上来时,要用右手握持,左手托捧。可见,那时的食物摆放是饭、菜、羹、调料各有自己的位置，分区明显，不能乱放，上菜也有一定的规矩。这折射出儒家讲求秩序的思想。

主人与客人入座后，不能直接享受美食，要先说一番套词。如果客人的身份低于主人，就应该双手端着饭食起立，说一番感谢的话，表示歉意。这时主人若是干坐着，那就是瞧不起客人，反而显得没有礼节，所以主人也要起身，说一番客气话，然后客人才又落座。

落座后，主人请客人一起祭食。古人每次吃饭之前都要从盘碗中拨出少量的菜肴，放在食案上，来报答发明饮食的先人，这就是祭食。食物要祭在案上，而酒则要祭于地上，主人先摆上哪一种就先祭哪一种。祭肴馔要逐一祭之，一个都不能少。但也有吃饭时不必祭食的情况，如吃剩下的食物不须行祭食之礼。父亲吃儿子剩下的食物，丈夫吃妻子剩下的食物，都不必祭食。如果国君赏赐臣子食物，臣子也可以不必祭食。但是国君以客礼对待臣子，那么臣子就要祭食了。但也要得到国君的同意才可以祭食。

客人要先吃过三小碗饭说吃饱了，主人才请客人吃切好的大块肉，然后请客人尝遍所有肴馔。这是古代的一种虚礼。当时上层人士吃饭都要别人劝食才能进食。

当筵席接近尾声，主人不能自顾自地先吃完而把客人撇下，要等客人也吃完饭才能停下进食。而另一方面，如果主人还没有吃完，客人也不可以漱口表示自己已经吃饱。

当陪着长者一起吃饭时，如果主人亲自递送过来菜肴，客人要拜谢之后才能吃；如果不是主人亲自递送菜肴，客人就不用拜谢了，可以直接动手取食。

筵席结束，客人跪在食案前，整理好自己用过的餐具和残

留的食物,然后交给主人家的仆人。等主人说不必客人亲自收拾这些残局,客人才可以住手,又坐下来。

进 食 之 礼

我国古代先民在进食时的行为都有固定的规范,礼节颇多,一直影响到现在我们的饮食生活。

根据《礼记》的记载,陪长者、国君饮食时一套礼节规矩如下:

陪伴长者饮酒时,看见长者将给自己斟酒就要赶快起立,离开坐席向长者拜谢并接受长者斟的酒。长者说不要这么客气,然后少者才能回到自己的席位喝酒。长者尚未举杯饮完酒,少者不可以开始饮酒。长者赏赐东西,晚辈和地位低下的人不必道谢。

陪长者吃饭时,少者要先尝饭,看看饭菜是否可口,是否太烫或太冷,确认无误后,才让长者进食。长者没吃完饭,少者不能先放下饭食。少者须小口吃饭,而且快点吞咽,因为要随时准备回答长者的问话,口里有饭食回答问题时难免会喷出来,这样会很不礼貌。

吃水果之类的果实时,长者先吃,少者后吃。长者赏赐的水果,如果有果核,吃完果子剩下的果核不能随便扔掉,要揣在身上带回去,否则就是对长者的不尊重。

伺候长者进食时,如果长者赏赐的是剩余的食物,就要看盛食的器具是否容易洗涤。若是容易洗涤，则就在原先的器具中取食，不必倒入另外的器皿里；若是难以洗涤，就要统统倒入自己的器具中才可取食。

陪同长者参加筵席，如果主人厚待少者如同长者一样，少者不用推辞。作为筵席上的陪客，也不用讲辞让。如果汤里有菜，就要用筷子来夹；如果没有，则不用筷子，只用汤匙就可以了。

君臣宴会时，菜肴上齐以后，陪食的臣子要代替膳宰尝遍各种美味，这是用来表达臣子对君主的忠心。臣子尝遍菜肴后，然后喝一些饮料，要等君主吃了以后才能再吃。如果有膳宰代尝膳食，臣子就不必品尝了，只需等君主开始进食就可以跟着吃了，但是吃饭不能太快，要放慢速度等待君主。君主请吃菜时，臣子要先吃近处的菜肴，每道菜都尝一些，然后才能根据自己的口味喜好来挑选美食。如果想吃远处的东西，必须由近及远慢慢吃过去，以免被君主认为臣子贪多爱口腹之欲。

为天子削瓜，先削皮，切成四瓣，再横切一刀，然后用细葛布盖上。为国君削瓜，先削皮，再一分为二，然后横切一刀，用粗葛布盖上。为大夫削瓜，只需削皮，不用盖任何东西。士人只需切掉瓜蒂，再横切一刀。庶人切除瓜蒂之后直接捧着整个瓜就可以吃了。

古人在进食的时候，还需要注意一些禁忌。如"共食不饱"，众人一起吃饭时，要注意谦让有礼，不能吃得太饱。古人称贪吃的人为"饕餮"，传说饕餮这种凶兽很能吃，什么都吃，最后竟然活活地撑死了。在那个时代，恐怕没谁愿意被叫作饕餮吧。

"共饭不泽手"，先秦时吃饭有时还用手直接抓饭吃，所以手一定要干净，不能双手互搓，以免手掌生出汗垢，让人作呕。众人一起吃饭时，如果有食匙，那就必须用食匙，不能用手。

"毋抟饭"，吃饭时不要把饭搓成团，大口大口地吃，这样有争饱的嫌疑。

"毋放饭"，不要把多取的饭再放回食器，否则别人就会感到很不卫生。

"毋流歠"，不要狂喝长饮，以免满口酒浆横流外，还让人觉得这人生怕酒浆不够喝，和别人抢酒浆喝似的。

"毋咤食"，咀嚼时嘴里不要发出声音，不然主人就会以为你对他的招待不满意。

"毋啮骨"，不要刻意去啃骨头，这样很容易发出不和谐的声音，让人感觉行为不雅，对主人和其他客人不尊重。

"毋反鱼肉"，自己吃过的鱼肉不要再放回食具里，应当把它接着吃完。

"毋投与狗骨"，不要把骨头扔给狗吃，否则既不庄重，又有被狗咬伤的潜在风险。

"毋固获"，不要只一味地吃某一道菜肴，也不要同别人争着抢着吃好吃的东西，否则有争吃之嫌。

"毋扬饭"，不要为了想快点吃饭而把饭粒扬起以散去其中的热气。

"饭黍毋以箸，毋嚃羹"，吃黍米饭不要用筷子，最好也别用手直接抓食。吃饭食应该用食匙，羹汤中的菜要用筷子。

"客絮羹，主人辞不能亨"，客人不要当着主人的面自己动手调和羹汤。客人如果调和羹汤，主人就要道歉，说自己不会烹调。

"客歠醢,主人辞以窭",客人如果喝肉酱,主人就要道歉,说由于家贫以至于备办的食物不够吃。

"濡肉齿决,干肉不齿决",湿软的肉可以用齿咬断,干硬的肉不可以用齿咬断,就需用刀匕来帮忙。

"毋刺齿",进食时不要随意剔牙,要等到饭后再剔牙,否则就显得很没修养。

"毋嘬炙",不要把大块的烤肉和烤肉串一口吃下去,如此狼吞虎咽,仪态不佳,有失风度。

在当今社会,我们吃饭时已经没有像古代那样繁复的礼节,但不可否认的是,仍或多或少地继承了古代传统进食的礼俗。比如我们常常挂在嘴边的"食不言,寝不语",讲的就是在吃饭的时候不能说话,以免嘴里的饭菜喷出来;还有吃饭时让最尊长者先动筷子,晚辈才能吃饭等等,不一而足。而且当代的很多餐桌礼仪,可以说也是源于古代的进食礼俗。而这些礼俗几乎都是来自于一部影响中国这个礼仪之邦几千年的儒家经典著作——《礼记》。因此我们有必要对《礼记》中有关进食礼仪的内容有所了解。

饮食与节俭之风

中华饮食文化博大精深,虽然历史上很多时代都有饮食奢靡之风,但同时,也有不少人反对这种奢靡的风气,从而掀起了一场与之相抗衡的节俭之风。

春秋战国时期,道家老子就在《老子·十二章》中载:"五味令人口爽。""爽"在此意为损伤、败坏。此语意思是说过于贪求美食滋味的享受会让人的胃口受到伤害。老子还在《文子·符言》中提到"味无味",无味便是味,以及"适饮食",适度饮食,这些言论都反映出老子清心寡欲、追求饮食节俭的精神品质。儒家孔子虽然讲求饮食合乎礼仪、注重食物的精致,即所谓的"食不厌精,脍不厌细",但并不是过度地贪图美食。如孔子所说:"君子食无求饱,居无求安"(《论语·学而》),君子不能将心思放在饱餐美食上;"士志于道而耻恶衣恶食者,未足与议也"(《论语·里仁》),对于那些探索真理而又以粗布衣服和简陋的饭食为耻的人,也就是十分讲究穿着吃喝的人,则无法与他们交谈讨论问题。可见孔子是反对过度贪享美食的,只要能够实现自己的抱负,坚持礼制道义,"饭蔬食饮水,曲肱而枕之,乐亦在其中矣"(《论语·述而》),即使是粗茶淡饭,也是其乐无穷的。孔子最喜爱的弟子颜回虽然穷困潦倒,但孔子却认为颜回能够不在乎别人无法忍受的清苦生活,在只有些许食物、一点饮料的环境中还自得其乐,所以孔子认为颜回是一名贤人。

墨家的墨子提倡俭朴的生活,"量腹而食,度身而衣",根据自身的实际需要饮食、穿衣,不要铺张浪费。据说墨子及其学生,"食土簋,啜土刑,粝粱之食,藜藿之羹"(《史记·太史公自序》),吃的是粗陋的饭食与藜藿之类的羹汤,与一般的平民基本没有差别。墨子还反对不劳而食,而且提出自己的一种饮食观念,即"足以充虚增气,强股肱,耳目聪明,则止。不极五味之调、芬香之和,不致远国珍怪异物"(《墨子·节用》),饮食只要能够使人吃饱,不会因为饥饿而影响身体健康就可以了，无须追求色香味奇珍的精致。

这一时期的一些君主及大臣，出于治国的需要，也身体力行地大力倡导饮食节俭。在《尹文子》一书中就提到晋国崇尚奢侈，晋文公当上国君后为了矫正奢侈之风，自己只穿一般的服饰，而且很少吃肉。没过多久，整个晋国的人都效仿晋文公，也跟着穿粗布衣服，吃粗茶淡饭起来。《韩非子》也提及楚国令尹孙叔敖平时饮食也是十分简单，"粝饭菜羹，枯鱼之膳"，只是米饭菜蔬羹汤，都没吃过新鲜的鱼肉。还有齐国齐景公时期的国相晏婴，午餐也是象征性地加上一点肉，毫无排场可言。无论是晋文公还是孙叔敖、晏婴，他们都用自己的行动或多或少地为国民做了饮食节俭的榜样。

西汉经过初年的休养生息，国家日益富足，中上层人家的生活也开始奢靡起来。面对当时饮食铺张浪费蔚然成风的现状，有识之士或提出反对的意见，或以实际行动表示不满。如汉文帝时的贾谊《盐铁论·散不足》载："狗马食人之食，五谷之蠹也。口腹从恣，鱼肉之蠹也。"说的就是反对浪费粮食的行为。汉代的大臣公孙弘平时"食不重肉"，即使是后来当上丞相之后也是"食一肉脱粟之饭"。公孙弘死后，朝廷还对公孙弘进行了表彰。东汉末年的曹操也是一个崇尚节俭的人，他不仅自己节俭，他的家人受其影响也十分节俭。《三国志·后妃传》载："太后左右，菜食粟饭，无鱼肉。其俭如此。"太后指的是曹操的妻子卞夫人，由此可见，卞夫人平时只是吃一些米饭蔬菜，连鱼肉都不吃。《三国志·卫觊传》也提到："武皇帝之时，后宫食不过一肉。"即曹操的后宫也只是吃少量的肉而已。

南北朝至隋唐五代时期，贵族奢靡之风盛行，表现在饮食方面，就是食必方丈，讲究排场和美食的珍奇多样。但即使在

这样的历史大环境中,仍有一些人始终能够保持节俭的作风,实在难得。南朝宋武帝刘裕和隋代开国皇帝隋文帝就是其中两位代表人物。

刘裕出身贫寒,当上皇帝后仍不改节俭的作风,甚至严格要求自己周围的人厉行节俭。《南齐书·崔祖思传》载:"宋武节俭过人,张妃房唯碧绡蚊帱,三齐苨席,五盏盘桃花米饭。"

宋武帝的张妃也只是吃些米饭而已。"高祖为性俭约,诸子食不过五盏盘"(《宋书·江夏文献王义恭传》),而刘裕的儿子们贵为王子,也是吃饭时不过五盘饭菜,这与当时那些贵族的饕餮盛宴相比,简直是天壤之别。在刘裕的躬身示范和强制要求下,"内外奉禁,莫不节俭",节俭之风吹遍宫廷内外。

隋文帝也是一位崇尚节俭的皇帝。隋文帝与独孤皇后平时饮食也不是很讲究,"帝常合止利药,须胡粉一两,宫内不用,求之竟不得"(《北史·独孤皇后传》),以至于有一次,太医为他配止痢药时,需要一两胡粉,竟然找遍宫中也没有找到。隋文帝平时比较留意民间的疾苦,"尝遇关中饥,遣左右视百姓所食。有得豆屑杂糠而奏之者,上流涕以示群臣;深自咎责,为之损膳而不御酒肉者,殆将一期"(《北史·隋文帝纪》)。意为某年关中闹饥荒,隋文帝派身边的人去查看老百姓吃的是什么,当他看到百姓吃糠拌豆粉时,就流着泪拿来给大臣们看,并责备自己没有治理好国家,下令饥荒期间减少御膳且不吃酒肉。隋文帝在临终诏书中仍劝勉后继者杨广及众文武大臣"务从节俭",抛开隋文帝吝啬的一面,隋文帝一朝,节俭之风还是比较浓厚的。

唐代贞观前期太宗李世民及其长孙皇后也是以身作则,倡导节俭,而到中晚唐时饮食铺陈浪费的现象层出不穷,一些人士对此嗤之以鼻。如韩愈就曾写诗嘲笑了那些富贵子弟一味贪求饕餮宴会，说："长安众富儿，盘馔罗膻荤。不解文字饮，惟能醉红裙。"（《昌黎先生集》卷二《醉赠张秘书》）平时韩愈的生活比较俭朴，即使在自己生活境遇改观后也是饮食有度，清贫乐道，如他在《示儿》一诗中写道："……中堂高且新，四时登牢蔬。前荣馔宾亲，冠婚之所於……主妇治北堂，膳服适戚疏。"（《昌黎先生集》）韩愈在自己的屋院里种栽瓜果蔬菜，平常饮食及宴请宾客也是吃自己种的瓜果蔬菜。

与前面的朝代相比，宋代的饮食节俭之风要更普遍一些。首先不得不提的是一代仁厚皇帝宋仁宗。宋仁宗衣食节俭，不事奢华，有两件关于仁宗饮食节俭的事例广为人知。某年初秋时节，官员向宋仁宗进献蛤蜊。宋仁宗问蛤蜊是从哪里来的，那官员就回答说是从很远的地方运来的。宋仁宗又问花费了多少钱，官员答说共二十八枚，每枚钱一千，宋仁宗说：朕经常告诫你们要节省，现在吃几枚蛤蜊就得花费两万八千钱，朕实在吃不下！

有一天，宋仁宗处理政务直到半夜，当时又疲乏又饥饿，很想吃碗羊肉汤，但他依然忍饥挨饿没有说出来。第二天，皇后知道后就劝他以龙体为重，不要再忍饥挨饿。宋仁宗便对皇后解释说："宫中一时随便索取，就会让外边的人看成惯例，昨夜如果朕吃了羊肉汤，御厨就会每天晚上宰杀羊以备不时之需。这样一年下来要杀数百只羊，一旦形成定例，日后宰杀羊的数量就会难以估算，为朕一碗饮食，开此恶例，又伤生害物，朕于心不忍，因此情愿忍受一时的饥饿。"

宋仁宗一朝也有不少饮食节俭的大臣。包拯在担任高官后，衣食仍如同布衣时一样，没有因为高官厚禄而贪享饮食。

苏东坡在晚年时也是以饮食节俭为养生准则之一，平时吃饭只是一杯酒一盘肉，有贵客到访，也不过是盛馔三盘，可以减少不可增加。范仲淹为宰相时，饮食节俭，很少吃鱼肉。后来他的儿子范纯仁官拜宰相，依旧继承并保持着父亲饮食节俭的作风。据说有一次范纯仁招待同僚晁美叔，在盐豉棋子面上多放了两块肉，晁美叔就开玩笑说范纯仁节俭的家风变了。

司马光在《训俭示康》中说过"众人皆以奢靡为荣，吾心独以俭素为美"，表明自己以节俭为荣。并说出自己节俭的品行直接受到父亲的影响，"先公为群牧判官，客至未尝不置酒，或三行五行，多不过七行，酒酤于市，果止于梨、栗、枣、柿之类，肴止于脯、醢、菜、羹，器用瓷、漆；当时士大夫家皆然，人不相非也"。意思是说，司马光的父亲在做郡牧司的判官时，客人到来，家里没有不设酒招待的，有时行三次酒，有时行五次酒，最多不过行七次酒，酒从市上买，水果只有梨子、板栗、红枣、柿子而已，菜只是干肉、肉酱、菜汤等，器具只有瓷器和漆器；当时士大夫家中都是这样，人们不认为这有什么不对。根据《江行杂录》的记载，司马光的节俭从他讲学时所接受的款待可以窥见一斑，"每五日作一暖讲，一杯、一饭、一面、一肉、一菜而已"。司马光拜祭祖坟时受到父老乡亲的薄礼，"用瓦盆盛粟米饭，瓦罐盛菜羹"，司马光不但没有觉得饭菜鄙陋不卫生，反而"享之如太牢"，像吃到牛羊肉那般有滋有味。司马光在撰写《资治通鉴》的那段岁月里，他与文彦博、范纯仁等志同道合的同僚一起制定了一个"真率会"。他们每天的饮食不过是米饭加几杯酒水。《比事摘录》中谈到，文彦博曾写诗来抒发自己讲求节俭并以之为荣的心声："啜菽尽甘颜子陋，食鲜不愧范郎贫。"范纯仁写诗应和:"盍簪既屡宜从简,为具虽蔬不愧贫。"司马光也和诗说:"随家所有自可乐,为具更微谁笑贫。"由此可见,他们确实言行一致,崇尚饮食节俭。

司马光以《训俭示康》教子

明代开国皇帝朱元璋节俭过人,他每天早饭,只用蔬菜,外加一道豆腐,而且当时臣子的饮食一般也是比较简单的,不过这既是因为明代官员俸禄低,又有朱元璋严厉惩贪的因素在里面。明代中后期饮食奢靡之风渐盛,但仍有清官保持着饮食节俭的作风,如海瑞,在母亲过寿时才舍得买二两肉来吃,而蔬菜则是在衙门后院里自己栽种的(明史《海瑞集》)。

现在只要提到清朝的节俭之人,很多人首先想到的便是那位"补丁皇帝"道光帝。其实清朝皇帝如康熙、雍正、嘉庆等

都算是比较节俭的了。现在简单说说雍正帝和道光帝在饮食节俭方面的言行。

雍正二年，雍正帝下旨说："谕膳房，凡粥饭及肴馔等食，食毕有余者，切不可抛弃沟渠。或与服役下人食之，人不可食者，则哺猫犬，再不可用，则晒干以饲禽鸟，断不可委弃。朕派人稽查，如仍不悛改，必治以罪。"剩饭剩菜不舍得扔弃，人不能吃就给猫和狗吃，猫狗不能吃就晒干给鸟禽吃，真可谓为了饮食节俭煞费苦心。三年后，雍正又发出一道圣旨："……即如尔等太监煮饭时，将米少下，宁使少有不足，切不可多煮，以致余剩抛弃沟中，不知爱惜……见有米粟饭粒，即当捡起……"这次更加令人瞠目结舌，为了从根本上节俭饮食，雍正竟然不准太监等人煮饭时多放米粒，饭粒掉到地上还要捡起来，实在不得不令人折服。

道光帝的节俭比他老祖宗雍正更甚，往往又适得其反，但从他的初衷看，却也是值得肯定的。据传，每天下午四点左右，道光帝就派太监出宫去买烧饼。由于路程较远，太监怀里揣着烧饼即使一路小跑，等到道光帝手里时烧饼也早已被冻得凉冰冰。道光帝和皇后竟然毫不介意，两人只沏一壶热茶，就啃起烧饼来，然后直接就寝。

道光元年（1821年），道光帝颁发了一道谕旨，即《御制声色货利谕》，其中便规定停止各省进贡水果、蔬菜、药材等土特产。后来道光帝又对《御制声色货利谕》进行了补充和修改，对奢侈性物品干脆彻底禁止进贡，至于各省进贡的土特产就减少其种类和数量。例如，道光帝规定辽阳的香水梨每年只能进贡二百个。有官员对皇帝说："皇家那么多人口，这二百个梨怎么够吃的呢？"道光帝却回答说："不吃，留着上供用的，二百个够了!"当时那位官员的表情一定很精彩,有这样一位皇帝,还能说些什么呢?

清代的袁枚在《随园食单》中也指责饮食一味的炫耀,主张味道至上,与食材并无多大干系,"贪贵物之名,夸敬客之意,是以耳餐非口餐也,不知豆腐的味远胜燕窝,海菜不佳,不如蔬笋"。李渔在《闲情偶寄》中也主张蔬菜胜过肉类,"吾为饮食之道,脍不如肉,肉不如蔬"。李渔生活饮食崇尚节俭,曾常说"五谷杂粮、粗茶淡饭最养人",为此他自制出五香面和八珍面,前者食料简单,日常食用,后者食料精细,只是有客来访时才烹制。李渔把汤汁时常留着,在炒菜时把汤汁当作调料放进去,这样既增加了菜肴的鲜味,又避免了浪费。

饮食与教化

饮食自古以来就不单单是饮食本身,它超越了"饥则食"的本能需求,俨然在历史的长河中演变成一种文化,牢牢地根植在一个民族的灵魂深处。无论是食物的由来,还是与它相关的传说,都带有明显的褒美抑恶的人文倾向。

吃还是不吃,这是一个问题。一方面,享用食物尤其是美食,是每个人都渴求的;另一方面,它也关乎一个人的尊严。历史上无数真实的事例告诫我们,能不能处理好吃的问题,是一门很重要的艺术,一旦处理不当,结果很可能会超乎我们的想象。古人在相当严肃的正史、论著等文献中不厌其烦地谈到有关吃的故事,也是希望用那些惊心动魄、感人至深或啼笑皆非的历史启迪后人,教化后人,让后人以先贤为榜样、以前车之鉴为明镜吧!

不吃,是一种品质

伯夷、叔齐本是孤竹君的两个儿子。伯夷、叔齐在老国君去世后相互推让,谁都不肯就任国君的位置。二人听说周文王善养老,就跑到了西岐周国。不巧的是,等他们到了周国,周文王已经过世,继任者周武王这时正准备讨伐殷纣王。伯夷、叔齐不以为然,拽住武王的马劝武王以忠孝为念,不要动干戈。武王不听,后终于灭了殷商,天下诸侯都归顺了周朝。伯夷、叔齐认为周武王居丧期间又以臣子的身份弑杀君王,是不孝不忠的表现,因此以吃周朝粮食为耻,隐居在首阳山,采薇而食,最后饿死在首阳山。后来人们就用"不食周粟"一词来形容某人气节高尚,宁死也不愿与非正义、不仁德的人为伍。千百年后,南宋灭亡,文天祥被囚在元朝大都,当面对劝降的人说出"殷之亡也,夷、齐不食周粟,亦自尽其义耳,未闻以存亡易心也"这句话时,文天祥定然是以伯夷、叔齐为榜样而舍生取义、视死如归。其实,历史上岂止是文天祥一人"不食周粟"呢?

另外一则故事出自《礼记·檀弓》,说的是某年齐国出现了很严重的饥荒。一个叫黔敖的人在路边准备好饭食,等着饥饿的人来吃。有个饥饿的人用袖子蒙着脸,跌跌撞撞地走过来。黔敖左手端着食物,右手端着汤,说:喂!快来吃吧!那个饥饿的人抬起头睁大眼看着他,说:我就是因为不愿吃被呼喝而得来的食物,才落得这个地步的!黔敖连忙追过去道歉,但他仍然不肯吃,最后饿死了。后人就用"不食嗟来之食"来表示做人要有骨气,绝不能低三下四地接受别人的施舍。这让我们不禁想到了近现代的学者朱自清不吃美国救济粮的事,可见中华民族的骨气万古长存!

"不食嗟来之食"

吃是一种尊严,不给吃,后果很严重

《左传·宣公四年》中记载了春秋时期这样一个故事。楚国向郑国国君郑灵公进献了一只大鳖,古人称作鼋(音同"元")。公子归生和公子宋这两位郑国的权臣贵戚赶去见郑灵公。路上,公子宋的食指一动一动的,公子宋就让公子归生看,并说:"以往只要我的食指一动,那我就一定能尝到异常美味的佳肴!"等他们进入宫殿刚好见到灵公的大厨正捉住大鳖准备将它大卸八块,二人不禁相视而笑。郑灵公很好奇,就问原因,公子归生一五一十地说了刚才的趣谈。但等到郑灵公与卿大夫们共同享用美味佳肴时,唯独没有给公子宋大鳖汤喝。公子宋火冒三丈,怒气冲冲地走到大鼎面前,伸出他的食指,蘸了一下鳖汤。在众人的惊愕中,他把食指放进嘴里,吮吸了一下,然后走出了宫殿。郑灵公颜面无光,大发雷霆,想要把公子宋杀了。后来公子宋先下手为强,杀了郑灵公。这件事被后人笑称为"一只王八引起的血案"。抛开戏谑的成分,我们从中可以看出古代对饮食的重视,能不能享受到美食在一些人眼里关乎着个人的尊严。

类似的故事还有不少,比如《左传·宣公二年》记载,春秋时期宋国与郑国交战,宋国将领华元战前杀羊犒劳军队时,把为自己驾车的驭手羊斟给忘记了,别人都吃到了羊肉,单独羊斟没吃上。羊斟心中不满,在交战时猛地驾车载着华元直接奔向郑国军队那边去。华元大惊,问羊斟要干什么,羊斟气愤地说:"前天给谁吃羊肉你说了算,今天打仗给谁赢可是我说了算!"华元就这样因为没给驭手一碗羊肉,还没开始打仗就已经成为了敌国的俘虏。

吃不了兜着走,是一种孝道

孝顺父母一直是我国几千年来的传统美德,几乎历代君王都把孝视作治国的理念之一,大肆宣扬孝道,以历史上至孝的事例来教导人们,感化世人。而人们也津津乐道这些故事,在代代讲述这些故事中潜移默化地提高了孝的觉悟。

《左传·隐公元年》为我们讲述了这样一个感人的故事。郑国国君庄公识破了弟弟共叔段与母亲姜氏联合造反的阴谋,设计击败了共叔段。郑庄公将姜氏安置在城颍,盛怒之下发誓说:"不到黄泉,不再相见!"但是不久之后郑庄公就后悔了。镇守边境颍谷的一名官员颍考叔听闻此事,便向郑庄公进献东西。于是郑庄公赏给颍考叔吃的。吃饭时,颍考叔把肉放置在一旁。郑庄公问他,他说:"我有老母亲,她尝遍了小人的食物,却没有吃过您的肉羹,请允许我把肉羹带回去送给我的老母亲。"郑庄公说:"你有母亲可以敬奉,唉! 我却没有!"颍考叔说:"请问这是什么意思?"郑庄公就把事情的原委告诉了颍考叔,并说自己很后悔。颍考叔听了,回答说:"您有什么可担忧的呢? 如果挖地一直见到地下的泉水,就在所挖的地道中相见,谁能说不可以这样呢?"郑庄公按照颍考叔的办法,最后如愿以偿地见到了母亲姜氏,二人和好如初。

无独有偶,南朝陈国徐孝克也是一位孝子。据《陈书·徐孝克传》所说,徐孝克为国子祭酒时,每次参加皇帝的宴会,到散席时他面前的膳食珍馐减少得特别明显。陈宣帝很纳闷,就问中书舍人管斌。管斌发现徐孝克在宴饮时偷偷拿一些珍果藏在身上,于是跟着徐孝克一探究竟,询问之后才知道他是偷这些食物给自己家中的母亲。管斌把这事告诉了陈宣帝,陈宣帝不但没有生气,反而十分感动,吩咐以后宴会结束时,徐孝克面前的食物全部打包送到徐孝克家中以给他的母亲吃。徐孝克孝顺母亲的事迹后来不胫而走,广为人们传颂。

唐代时,受徐孝克等孝子事迹的影响,官员在皇帝的宴会

上偷拿食物带回家蔚然成风,而皇帝也顺水推舟,默许官员偷带御膳的行为。根据《金台纪闻》的记载,唐宣宗时,官员在宴会后怀带食物的事情被发现,唐宣宗为了表彰官员们的孝行,特意颁发敕令,从此以后宫廷宴会都要准备两份食物,其中一份让官员带回去孝顺父母,吃剩下的还可以用帕子包起来带回去,直到明朝,还一直存在着这种惯例,甚至有些官员因为没有把宫廷宴会的食物都带回去而受到责罚呢!

宴会不简单,午餐不免费

天下没有免费的午餐,当上级与下级一同吃饭,用美食盛情招待下属时,就是一种拉拢行为,暗示下属要为上级披肝沥胆、竭忠相报。我们经常在影视剧中看到这样一种情景:两军对垒,大战前,主帅为了鼓舞士气,与将士同吃同住,犒劳三军,吃饱喝足后,主帅振臂一呼,将士们士气高昂,个个奋勇杀敌。

古代皇帝喜欢经常举办宫廷宴会,如前文介绍的燕礼,宴请文武百官,目的也是希望增进君臣的关系,让官员们感恩戴德,忠心报答皇帝,有句古话叫"食君之禄,忠君之事",说的就是这个道理。

为了表达臣子对皇帝的忠心和敬意,各朝各代的官员用美食讨好皇帝的手段层出不穷,其中以唐代的烧尾宴为典型代表。烧尾宴特指文人因登科及第或官员因职位升迁而向皇帝献食时举行的宴会,盛行于唐中宗、唐玄宗时期。关于"烧尾"一词的来源大致有三种说法:一说是老虎变成人形时,只有尾巴不能变化还保留着,必须把尾巴烧掉,老虎才能完全变成人;二说是新羊初入羊群会遭其他羊的排挤,只有烧掉尾巴才能被羊群接受;三说是黄河鲤鱼跃上龙门,必有天火把它的尾巴烧掉才能化龙。这三种说法都有升迁的含义在里面,所以这种宴会叫作"烧尾宴"。

唐代烧尾宴(局部)

大臣向皇帝献食必定都是山珍海味,非比寻常,如唐中宗景龙年间,韦巨源升官为尚书左仆射后,宴请唐中宗,其中单是奇珍美食就有五十八种之多。但也有人对烧尾宴不买账。当时一个叫苏瓌的官员升职后,就没按常理出牌,始终不宴请唐中宗。一次赴御宴时,一些大臣取笑苏瓌,皇帝也没给他好脸色看。苏瓌淡定自若地向皇帝解释说:"现在米价飞涨,百姓衣食欠缺,禁卫兵都连续三天吃不上饭了,臣作为宰相很失职,所以不敢举办烧尾宴。"苏瑰这番话及其之前不愿举办烧尾宴的举动其实是在委婉地劝谏中宗不要过度奢靡。实际上此后中宗一朝真的没再举行过烧尾宴。但到了唐玄宗时,很多公主效仿烧尾宴竞相向玄宗献食,为了方便烧尾献食,玄宗专门设有官员来负责处理献食的事务。

船宴

(参考日本画中描绘的17世纪中国南方的船宴绘制)

前面提及的乡饮酒礼也具有十分浓厚的忠孝教化色彩。乡饮酒礼其实就是与君主的敬老之礼相对应的基层的敬老之礼。这种古朴的礼仪是基层的"尚齿"教育,统治者借助它推行政治伦理,使人们懂得孝悌的伦理道德,尊老敬长辈,以达到国家安定的目的。所以,孔子在看到乡饮酒礼后曾感慨地说,从中知道了王道能得以实施复兴的希望,"吾观于乡,而知王道之易易也"(《礼记·乡饮酒义》)。

汉代乡饮酒礼还增加了祭祀圣贤先师的内容,《通志·礼略·乡饮酒》载:"汉永平二年,郡县行乡饮酒于学校,祀先圣先师周公、孔子,牲以犬。"唐代把乡饮酒礼看作是政治教化、救治时弊、移风易俗的好办法,要求在全国普遍举行。贞观六年(632年),唐太宗在诏书中说:"为了正本清源,革除弊俗,现规定天下州县每年举行乡饮酒礼……以让百姓识廉耻,知敬让。"但先秦那种民间聚饮的敬老色彩已经淡化,逐渐演变成地方官员宴请应试科举的乡贡士大夫们的活动。每逢科举、武举考试后,考场所在的州县的官员都会举办乡饮酒礼来招待考生。宋王溥《唐会要·乡饮酒》载:"开元六年七月十三日,初颁乡饮酒礼于天下,令牧宰每年至十二月行之……各备礼仪,准令式行礼,稍加劝奖,以示风俗。"宋代各州在推选贡士时,也会宴请入选的人才和当地有名望的长者。

明清时期,在乡饮酒礼活动中官府进行道德灌输的色彩很浓厚。明太祖曾在洪武十六年(1383年)颁布《乡饮酒图式》于天下,并规定民间里社以一百家为单位举办乡饮酒礼,由粮长主持。酒宴前,主持仪式的司正要先举杯站起,发表讲话,希望参与宴会的人牢记忠君孝悌、长幼有序的道理。司正发言结束后,众人一饮而尽。此外,执事还要站在厅中高声诵读朝廷律令,参加宴请的老人也要站起来跟着读,这使原本尊敬老人、乡里共乐的仪式套上了皇权的枷锁。但是,仪式中对老人还是比较尊重的。在举行仪典时,除了乞丐之外,只要年满六十岁的老人,无论贫富都按年龄排列席位。只要年岁较高,虽"至贫亦须上坐",再贫穷也能坐在上席;若年龄较小,虽"至富亦须下坐",再富有也只能坐下席(《明会典·乡饮酒礼》)。清代承袭明代的乡饮礼俗,一年举行两次乡饮酒礼。

乡饮酒礼的主要功能在于教化，即《古今图书集成·礼仪典·养老部》所谓的"一礼之行，所费者饮食之微，而所致者治效之大也"。以皇帝为首的统治者以遵从三老五更为天下树立孝的典范，年年举行的乡饮酒礼则让百姓谙熟孝、忠的真谛。它们的存续是封建统治者以礼治理天下精神的体现。

八 吃的艺术

　　中国的饮食文化有着特定而又丰富的内涵。它既是文化，又是科学，更是一种艺术。就其"艺术性"而言，它追求美食、美味和美器三者的和谐统一，浑然一体。调味之精益，肴器之华贵，膳食之繁盛，烹饪技艺之巧妙，均堪称举世无双，独树一帜。人们在参与饮食活动时，不仅眼、耳、鼻、舌、身五官并用，而且在获得"真、善、美"的享受之后，有益于身心健康与长寿。人们之所以对美食不断追求、继承和发展，烹饪技术之所以在民族之间、地区之间互相交流、推陈出新、日益丰富，中国饮食文化理论与实践之所以不断完善与发展，其终极目的就在于此。

　　古往今来，知识阶层是比较讲究吃的艺术的，人们往往把吃看作是一种高层次的艺术享受，这种享受既包括了味觉的、视觉的，也有属于感官方面的，这里从"味""形""器""境"和"咏"几个方面予以介绍。

味　之　精

　　对于美味的追求，是饮食艺术的基本要求，也是饮食艺术的最高境界。中国人特别注重食物的烹制技艺。从生的食材到熟的菜肴，其加工过程绝不仅仅是加热或煮熟，而是通过种种烹饪手段使菜肴的美味得以充分彰显。酸甜苦辣咸，各种滋味，在菜肴成熟的那一刻刺激着食客的味蕾。在中国饮食艺术中，有关烹饪的手法繁复而细致。比较常用的有烧、炖、煮、烩、扒、氽、煎、炸等数十种。不同的烹饪方式所制作的菜肴口味千差万别。如"佛跳墙"讲究文火慢炖，吃的是汤汁鲜美，鱼翅的软糯香滑。"烤全羊"讲究武火烘烤，吃的是淳朴粗犷和羊肉天然的肉香。北京的"小吃爆肚"，讲究大火沸水，氽熟即可，吃的是羊肚鲜嫩爽脆，口有余香。至今只能在古籍中看到的名菜"炖熊掌"，更加体现出古人对于精致食材和高超烹饪技艺的追求。《左传·宣公二年》记载，晋灵公曾因"宰夫腼熊蹯不熟，杀之"。熊掌味美，但是难以烹饪，晋灵公竟然为了自己的口腹之欲而把厨师杀了，其残忍自然不言而喻，却也体现出古时人们对于美食的执着。后人在经历漫长的摸索之后才获得烹饪熊掌的经验,清乾隆年间李调元撰写的《醒园录》记载了熊掌的烹饪和食用方法:"先用温水泡软,取起,再用滚水烫,退去毛,令净。放瓷盘内,和酒醋蒸熟。去骨,将肉切片装盘内,下好肉汤及清酱、酒、醋、姜、蒜,再蒸极烂,烂好吃。"烹饪熊掌,由生到熟先后经历了泡、烫、一蒸、再蒸这样复杂的过程。古往今来,人们正是通过对烹饪技艺的不断完善与追求,来获得美味的。

福建名菜"佛跳墙"

不过,需要指出的是,历代的厨师以及身怀绝技者,他们是美味的创造者,但知味者绝不仅仅限于厨师这个狭小的群体,而是存在于更多的食客之中,可以说,历朝历代的美食家都是知味者。《淮南子·说山训》中的一则记载就说明了这一点:"喜武非侠也,喜文非儒也,好方非医也,好马非驺也,知音非瞽也,知味非庖也。"意思是说,喜欢武功的并不是侠客;喜爱作文的并不是儒者;对药方感兴趣的不是医生,而是病人;对骏马喜爱的并不是喂马人,而是骑手;真正的知音者不是乐师,真正的知味者也不是庖丁,而是听众,是食客。恰因如此,历代的美食家都留下了大量吟咏菜肴美味的诗文。

这里以传统的大众化美食豆腐为例。早在公元前的汉代初年，淮南王刘安就掌握了制作豆腐的技术。此后，历代的文人墨客多与豆腐结下了不解之缘，写下了大量脍炙人口的诗篇。汉乐府歌辞《淮南王篇》就写道："淮南王，自言尊，百尺高楼与天连，后园凿井银作床，金瓶银绠汲寒浆。"这里的寒浆就是豆浆。唐诗中有"旋乾磨上流琼液，煮月档中滚雪花"的描写。北宋词人苏东坡《又一首答二犹子与王郎见和》诗云："脯青苔，炙青蒲，烂蒸鹅鸭乃瓠壶，煮豆作乳脂方酥。高烧油烛斟蜜酒，贫家百物初何有？古来百巧出穷人，搜罗假合乱天真。""酥"指的是豆腐。这里用蒸煮葫芦代烧鹅烤鸭来饷客的典故，借以说明豆腐也可做成像荤菜一样美味可口的食品，并可达到乱真的程度。苏东坡非常喜食豆腐。他在湖北黄州为官时，经常亲自做豆腐，并精心烹制，用味醇色美的豆腐菜招待亲朋好友，友人吃了赞不绝口，亲切地称之为"东坡豆腐"，一直流传至今。

东坡豆腐

南宋朱熹在《豆腐诗》中描写道："种豆豆苗稀，力竭心已苦。早知淮南术，安坐获帛布。"诗的头两句形象地说农家种豆的辛苦,后两句反衬豆腐的经济价值。可见南宋时市井就有以卖豆腐"获泉布"的专门作坊了。陆游《邻曲》诗写道:"浊酒聚邻曲,偶来非宿期。拭盘堆连展,洗釜煮黎祁。乌犊将新犊,青桑长嫩枝。丰年多乐事,相劝且伸眉。"这里的"黎祁"即豆腐。诗歌写陆游用豆腐作为美味佳肴招待亲朋好友,更增添了丰年的乐事。元代诗人郑允端作豆腐诗云:"磨砻流玉乳,蒸煮结清泉。色比土酥净,香逾石髓坚。味之有余美,五食勿与传。""磨砻",指磨碎豆谷的器具即石磨;"土酥",萝卜的古称。"石髓",又名玉髓,矿物名,半透明有光泽;"五食",即五鼎食。诗歌写出了豆腐的色香味。另一位元代诗人张劭作《豆腐诗》云:"漉珠磨雪湿霏霏,炼作琼浆起素衣。出匣宁愁方璧碎,忧羹常见白云飞。蔬盘惯杂同羊酪,象箸难挑比髓肥。却笑北平思食乳,霜刀不切粉酥归。"诗作把豆腐比作"方璧",喻作"羊酪",既美口福,又丰富了吃的内涵和趣味。明清时期咏赞豆腐的诗文更是不胜枚举。其中清人李调元《豆腐诗》咏道:

> 豆腐脑——
> 家用为宜客非用,合家高会命相依。
> 豆腐皮——
> 石膏化后浓如酪,水沫挑成皱成衣。
> 豆腐丝——
> 剁作银条垂缕骨,划为玉段载脂肥。
> 豆腐干——
> 近来腐价高于肉,只恐贫人不救饥。
> 臭豆腐——

不须玉豆与金笾,味比佳肴尽可捐。

南豆腐——

逐臭有时入鲍肆,闻香无处辨龙涎。

油豆腐——

市中白水常咸醉,寺里清油不碑禅。

筐豆腐——

最是广大寒彻骨,连筐称罢御卧寒。

豆腐乳——

才闻香气已先贪,白褚油封由小餐。

滑似油膏挑不起,可怜风味似淮南。

　　诗中"玉豆金笾",指精美的食器;"鲍肆",即腐臭的处所;"龙涎"是香料名。诗歌赞誉了豆腐的色、香、味等多方面的优良质地,让人闻其香就会流出口水来。同时反映当时曾有豆腐涨成肉价的现象。清代胡济苍的诗词——"信知磨砺出精神,宵旰勤劳泄我真。最是清廉方正客,一生知己属贫人。"不但写了豆腐的质地,而且写出了豆腐的精神,由磨砺而出,方正清廉,不流于世俗,赞美其高尚风格。

形 之 特

　　中国人制作食物,讲求的是色、香、味、形俱全,人们制作食物的材料来源非常广泛,从耕种的五谷杂粮到天地间的飞禽走兽,再到海洋湖泊里的鱼鳖虾蟹,荤素生鲜不一而足。中国人在进食方面讲究雅致,讲究味道,不同的食物,有着不同的加工方式。淡水出产的草鱼,鱼身较大,烹煮时不易熟透,所以在烹饪之前往往在鱼身上剞成花刀,不仅有利于鱼肉的熟透,还可以增加与汤汁的接触面,使口感更佳。烧鸡,是中国北方地区常见的下酒菜,其最出名者莫过于河南的道口烧鸡。烧鸡必须选用生长了一年左右的公鸡,而在过油炸之前,烧鸡的造型已经固定。将鸡的爪子塞入腹中,而鸡的翅尖要嵌入鸡的嘴中。如此富于想象力的造型在西餐中则是不多见的。而在另一道菜——三套鸭中则必须要将家鸭、野鸭和肉鸽逐层相套,做成鸭腹有鸭、鸽肉在里的造型。

三套鸭

八大菜系中的一些典型菜肴对菜式造型也极其讲究。例如,鲁菜中的九转大肠,需将煮熟的猪大肠切成三厘米长的小段,再用油炸,之后红烧,小火慢焖,上盘的时候大肠色泽红润,如同胭脂红玉做成的扳指一般,香酥可口。淮扬菜中的蟹粉狮子头,一个炖盅,四个圆润的狮子头,橙黄色的蟹黄点缀在粉白色的狮子头之上,宛如一幅淡雅的水墨画,让人不禁赏心悦目,胃口大开。品尝美食之前,人们就已经从它们典雅别致的造型中领略到菜肴别具一格的美。至于官府菜和宫廷菜中的冬瓜盅,其繁琐细致的雕花造型更是令人叹为观止。这已不是简单的食材加工,更多的是一种富于闲情雅致的赏玩。

冬瓜盅

同时,中国人在制作食物时非常重视色彩和荤素的搭配。五味调和,荤素相宜,一直是我国"吃"文化中孜孜以求的境界。菠菜的翠绿,韭黄的鲜黄,芹菜的碧绿,到红、白、绿俱全的萝卜。不同颜色的蔬菜在不同的菜肴中有着千变万化的搭配。川菜中的开水白菜,以鲜嫩的白菜心为主要材料,配以精心吊汤澄清如玉的新鲜鸡汤,经过大火蒸煮,成品菜肴汤清如水,白菜翠绿欲滴,味道鲜美。人们在品菜的同时,更像是在欣赏一件精心制作的艺术品。淮扬菜中的芙蓉鸡片,取新鲜的鸡胸肉用刀背砸烂,放入油中慢火划熟,成品洁白剔透,软嫩鲜滑,如同雪花一样洁白,再配以碧绿的豌豆,很是可爱。另一道松鼠鳜鱼更加体现出中国传统文化中"吃"文化对菜肴造型和刀工的重视。鳜鱼本身不太大,和松鼠大小相似。在厨师精湛的刀工之下把鱼打造成松鼠的形状,在炸制的时候还要将鱼尾翘起,成松鼠形。酷似松鼠的鳜鱼,配上精心雕刻的红色的萝卜花,让人不禁感叹厨师巧妙的刀工和丰富的想象力。除了名菜名品,在百姓日常生活中的家常菜也无不体现出别具匠心的荤素搭配。如荷叶蒸饭,洁白晶莹的大米配上碧绿的荷叶,淳朴而不失美观。煮干丝,淡黄色的干丝,切成细如毛发的细丝,配上黑色的木耳,绿油油的小葱,不仅让人在平凡的食物中品味了"吃"的文化,而且给人视觉上的享受。

花开富贵(萝卜雕刻)

器 之 美

在中国悠久的历史进程中,人们的饮食器具随着时代的发展经历了巨大的变化。上古时期,贵族最先使用各种各样的青铜器作为饮食的器具,而当时的普通百姓则往往使用陶器。就饮食所用的青铜器具而言,又分为酒器、食器。在西周时期,由于礼制的发展和完备,又产生了特别强调饮食礼仪性质的礼器。西周时期可谓是我国传统饮食器具发展、勃兴的时期。当时的上层社会在会盟宴饮、狩猎、祭祀典礼之时会遵照礼制的规定使用不同的饮食器具。当时青铜材质制作的饮食器具做工精美,在其上刻有各种精巧的花纹和虫鱼鸟兽的图形,种类繁多,不仅代表了当时人们高雅的审美情趣,也从另一个侧面反映了中国古代青铜手工业技术非常高超。商周时期,不同的饮食器具有着不同的饮食功用,烹煮时用鬲、鼎,进食时用簋、簠。而饮酒的器具也是种类繁多,如有爵、觚、觯等。此外还有专门储存酒和汤水的器具,如卣、盉、瓿、罍等。当时一些上层的贵族还使用玉器、象牙等材料来制作饮食器具,当然影响范围比较小,并且流传至今的也比较稀少。秦汉之际,我国的饮食器具开始走向平民化、实用化。在秦汉时

珍珠火锅饺

期,青铜器仍然在沿用,但其种类已经大大简化,并且制作工艺也更加朴实,以求贴近实用。而木质的漆器和价格低廉的铁器也已开始广泛使用。汉代的漆器饮食器具有鼎、壶、钫、樽、盂、卮、杯、盘等种类。汉代贵族使用的漆器往往造型高雅,工艺繁琐,描金错银,加以彩绘。秦汉时期,广大劳动人民则使用陶器作为饮食器具。魏晋以降直至唐宋时期,随着陶瓷技术的发展,各种陶瓷器具逐步取代之前的青铜器、漆器和陶器。此后,瓷器成为中国人饮食器具中的主流。瓷器不仅体现了饮食器具的价值,它也是中国传统文化的一部分。近代以后,随着科技水平的发展以及中西方交流的日趋增多,各种新式的饮食器具也走上了中国人的餐桌,如不锈钢餐具、搪瓷餐具等。

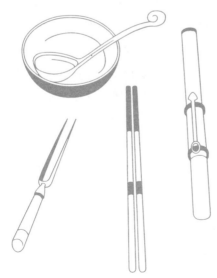

清嘉庆皇帝使用的"野味餐具"

　　纵观中国传统的饮食器具，既追求实用又讲究美观，不同的饮食器具还体现出独特的文化内涵。西周时期的各种青铜器餐具在当时礼制的影响下遵循着尊卑等级的差异，不同等级的公侯、公卿、士大夫享用不同种类的青铜饮食器具。另一方面，在不同场合也要使用不同种类的青铜器具。这里体现的是西周时期的礼制文化。而在秦汉以后，随着饮食器具的简化，青铜器逐渐淡出人们的生活，取而代之的是各种漆器、陶瓷器皿。而漆器和陶瓷器皿更加讲究小巧精致的手工工艺。如马王堆汉墓出土的距今已有两千余年的漆器，至今看上去仍然鲜艳夺目，上面的花纹活泼生动，与其说是饮食器具，倒更像是精巧的工艺品。东汉以后，我国的陶瓷制造技术有了迅猛的发展，早在东汉时期，人们就已经制造出青釉瓷和黑釉瓷。瓷器相对于陶器来说，防水性和保温性更好，并且更加整洁、美观，更适合做日常的饮食器具。在此后的两千年里催生出了中国特有的瓷器文化。"中国"一词在英文中称"China"就是瓷器的意思。隋唐以后，我国制瓷业的发展更为迅速，到了北宋时期"五大名窑"各具特色。小到酒杯、茶碗，大到汤盆、海碗，其形状、外形各有特点，做工精细，胎质细腻。可以说既是非常实用的日常饮食器具，又是精美的工艺品。此外，我国的饮茶风气在宋代以降开始兴盛，南北皆是如此。专用的饮茶器具也开始出现，紫砂壶配以相应的茶杯，在宋代以后为文人雅士所喜爱。而这些饮茶的器具也体现出中国文化特有的特点。造型各异的紫砂壶上一般镌刻有绘画或是书法。古人在品茶的同时观赏饮茶器具，既是一种享受，也是一种格调高雅的情趣。

　　在饮食器具的使用方面，中国的饮食讲究菜肴和器皿的搭配。对此,已在"美食美器"中述及,这里不再赘述。

境 之 雅

　　人们在饮食活动中一方面是在品尝美味佳肴,另一方面也是在感受饮食的环境。饮食环境的好坏直接影响到人们就餐的心情以及餐饮的档次。从古到今,作为人们宴饮活动的主要场所,各种酒店、餐馆都特别讲究饮食的环境。

　　中国早在先秦时期就已有了酒馆。《鹖冠子·世兵》有"伊尹酒保,太公屠牛"之说,伊尹是商朝人,被视为"中华厨祖"。所谓"酒保",就是店小二。在汉代,餐饮业很发达,酒馆经营者颇有创意,常把酒坛放在店前垒起的高台(垆)上做广告,垆前还站着"促销员"揽客,因而这些酒馆常常顾客盈门。当年最有名的"促销员"当是卓文君了。魏晋时期并非中国酒文化的繁盛期,这一时期由于时局动荡,生产遭到破坏,酒禁一度极为严厉。《魏书·刑法志》载,北魏文成帝太安四年(458年)曾规定:"酿、沽、饮,皆斩之。"不过这只是一时之禁,而更多的时候还是放开的。魏晋人喝酒很讲究气氛,往往以歌舞助兴。曹植《箜篌引》就描绘了当时边饮酒边欣赏歌舞的场景:

　　　　置酒高殿上,亲交从我游。

　　　　中厨办丰膳,烹羊宰肥牛。

　　　　秦筝何慷慨,齐瑟和且柔。

　　　　阳阿奏奇舞,京洛出名讴。

乐引过三爵,缓带倾庶羞。

主称千金寿,宾奉万年酬。

这几句诗的意思是说,好酒佳酿摆放在高殿之上,亲近的友人跟随我一同游玩。内厨做好了丰盛的菜肴,烹制鲜美可口的牛羊肉。秦风的古筝声是多么慷慨激昂,齐地的琴瑟声是那么柔和婉转。还有出自阳阿的奇妙舞蹈,来自京洛的著名歌曲。在歌舞中饮酒过了三杯,我们解开衣带尽情享用了美味佳肴。主人和宾客相互行礼,相互献上最美好的祝福。从曹植诗的描述可以看出,当时人们在营造饮食环境氛围方面是不遗余力的。

在唐代,无论是达官贵人,还是布衣百姓,都爱光顾酒肆。刘禹锡《百花行》云:

长安百花时,风景宜轻薄。

无人不沽酒,何处不闻乐。

长安城繁华热闹的东、西二市,酒肆林立,可谓是"酒吧一条街"。中唐以后,酒肆开到了住宅小区"坊里",生意好得连皇宫都常派人来买酒。贞元二年(786年),宫里无酒,唐德宗李适便派人到街头酒店买酒喝。《资治通鉴》记载说:"时禁中不酿,命于坊市取酒为乐。"而《开元天宝遗事》记载,从昭应县城(今临潼境内)到长安城东门数十里长的官道两旁,也开有许多小酒馆。行人可"量钱数多少饮之",甚至"有施者与行人解之"。饮酒既方便又便宜,行人称之为"歇马杯"。这些城郊酒肆,以渭城最负盛名。渭城在长安西郊,是通往西域和巴蜀的要道,送亲友远行多在渭城饯客,因此留下了大量诗句。其

中以王维《渭城曲》最著名:

> 渭城朝雨浥轻尘,客舍青青柳色新。
> 劝君更尽一杯酒,西出阳关无故人。

　　意思是说,清晨的微雨湿润了渭城地面的灰尘,馆驿青堂瓦舍柳树的枝叶翠嫩一新。真诚地奉劝我的朋友再干一杯美酒,向西出了阳关就难以遇到故旧亲人了。

　　宋朝的餐饮业是我国历史上的鼎盛时期。据记载,宋朝的茶坊酒肆遍布开封城的大街小巷,饮食业生意兴隆。仅开封城内"正店"(大酒店)就有"七十二户",这类大酒店往往"绣旆相招,掩翳天日",而"脚店""茶坊"之类的小型店铺更是不

酒楼唱曲(宋代)

能遍数。其中酒店、茶坊、歌楼、妓馆的发展尤其兴旺。杭州的官办酒库(自酿自卖)有十三家,每库都有一至二座高级酒楼。小有名气的民办酒楼也有十八家之多。这些酒楼,摆华筵,请豪客,夜夜达旦。此外还有各种特色食店,如"茶分店",以卖饭菜为主;"包子酒店",主要卖鹅鸭包子;"宅子酒店",样子像仕宦人家;"花园酒店",环境幽雅像花园。如按菜系分类,则有"南食店",供应南方菜;"北食店",供应北方菜;"羊饭店",主要卖羊肉酒菜;"川饭店",卖汤面为主;"荤素从食店",卖各色点心。同时还有沿街巷流动叫卖的零售熟食摊贩。这样,就形成了一个分等划类的城市饮食市场网络。

值得一提的是,宋朝的高档大型酒楼林立,如汴京的仁和店、会仙楼,杭州的武林园、熙春楼,饭、菜、酒一应俱全,店内长廊排阁,分有楼座及楼下散座。有些饮食店,或经营很有特色,或因烹调技术高超成为传诵一时的名店,如王楼包子、万家馒头、梅家鹅鸭等等,都号称"东京第一""最为屈指"。宋朝各酒楼的环境布置、门面装饰和器具陈设极其讲究、奢华。杭州因得自然景观之胜,酒楼多依山傍水,风景优美。如涌金门外西子湖畔的"丰乐楼",瑰丽宏伟,登楼可俯瞰西湖,与游船画舫合奏对唱,是文武官员经常欢宴的地方。有些酒店茶肆,或张挂名画,或插四时花卉,或巧设盆景,以吸引顾客。每逢节日,京城所有店家、酒楼都要重新装饰门面,牌楼上扎绸挂彩,出售新鲜佳果和精制食品,夜市热闹非凡,百姓们多登上楼台,一些富户人家在自己的楼台亭阁上赏月,或摆上食品或安排家宴,团圆子女,共同赏月叙谈。当时虽然还没有空调设备,但夏天人们增置降温冰盆,冬天则设取暖水箱,让顾客有四季如春的感觉。很多酒楼用的都是金银酒器,甚至贫苦人家到酒店买酒,也用银器供送。尽管宋朝士大夫阶层崇尚"男治外事,女治内事",女人不能随便出门,但在下层百姓中,很多女子往往进入商业领域进行活动,从事酒店业务的尤多。酒楼往往用歌女等吸引客人、招徕生意。官吏的升迁奖惩也要与其酒课税收直接挂钩,因此大量女性受官府雇佣从事酒业促销。据记载,北宋初年,京都的酒店门前装饰豪华、艳丽,所流行的"歌伴宴",尽为权势阶层边喝酒边赏乐的宴会,高兴时还会即兴作诗赋词。

在宋代,喝茶也是人们生活的重要组成部分。饮茶场所也有茶楼、茶肆之分,不同身份的人自有取舍。宋朝时,随着城市的发展,打破了坊、市界线,市内出现了"瓦子"(娱乐场所),内有"勾栏"(演出场所)、酒肆和茶楼。宋代都城茶肆茗坊遍及大街小巷,而且由都市普及到乡村。为了吸引顾客,宋代的茶肆十分重视摆设,到了南宋,更是精心布置、打造。据记载,当时杭州茶肆是"插四时花,挂名人画,装点门面"。大茶坊更是富丽堂皇,讲究文化装饰,营造品饮环境。苏东坡也有"尝茶看画亦不恶"的诗句。为吸引不同层次的顾客,茶肆提供的服务亦日益多样化,各样娱乐活动应运而生。娱乐活动中较为普遍的是弦歌,茶肆中的弦歌大体可分为三种类型:一是雇用乐妓歌女,这是茶肆用以招揽顾客的重要方法之一;二是茶客专门来茶肆学乐学唱;三是安排说唱艺人说书,还有博弈下棋等活动。茶馆除供应茶水外,也有糕点供应。宋时出入茶馆的人很广泛,王公贵族、文人雅士、乡野村民,甚至天下至尊的皇帝也会一时兴起,光顾一下。虽然众多的人喜欢出入茶馆,但在宋代士大夫看来,茶馆仍旧是鄙俗之地。士大夫饮茶与普通百姓饮茶有区别:普通百姓好调饮,所以茶馆中备有多样茶汤；士大夫则尚清饮。普通百姓饮茶，添加佐料，味厚香浓，重实用，可解渴疗饥；士大夫饮茶，重在品，在于玩味茗、水、器、境、人所构成的意境，这种风尚直至后世的明清时期仍然延续下来。

宋代茶贩

到了近现代，人们的餐饮环境已经发生了较大变化。各种各样的装饰风格让不同的酒店彰显出不同的特色。西式风格、古典风格、民族风格、现代风格等多样化的风格，让人们在饮食的同时领略到视觉上的美感。

咏 之 妙

在中国古代的筵宴特别是高层次的宴会上，文人雅士们在品尝珍馐美酒的同时，他们还吟诗联句，充分展示了中国文化的光彩，这也不失为古代宴饮活动的一个重要特色。

先秦时期的铭、诰、祝为最初的宴饮文章。《小雅·宾之初筵》是中国古代第一部诗歌总集《诗经》中的一首诗，它描写了当时上层社会宴饮的场面：

> 宾之初筵，左右秩秩。
> 笾豆有楚，殽核维旅。
> 酒既和旨，饮酒孔偕。
> 钟鼓既设，举酬逸逸。
> 大侯既抗，弓矢斯张。
> 射夫既同，献尔发功。
> 发彼有的，以祈尔爵。
>
> 籥舞笙鼓，乐既和奏。
> 烝衎烈祖，以洽百礼。
> 百礼既至，有壬有林。
> 锡尔纯嘏，子孙其湛。
> 其湛曰乐，各奏尔能。
> 宾载手仇，室人入又。

饮食生活

——

舌尖的创造

酌彼康爵，以奏尔时。

宾之初筵，温温其恭。
其未醉止，威仪反反。
曰既醉止，威仪幡幡。
舍其坐迁，屡舞仙仙。
其未醉止，威仪抑抑。
曰既醉止，威仪怭怭。
是曰既醉，不知其秩。

宾既醉止，载号载呶。
乱我笾豆，屡舞僛僛。
是曰既醉，不知其邮。
侧弁之俄，屡舞傞傞。
既醉而出，并受其福。
醉而不出，是谓伐德。
饮酒孔嘉，维其令仪。

凡此饮酒，或醉或否。
既立之监，或佐之史。
彼醉不臧，不醉反耻。
式勿从谓，无俾大怠。
匪言勿言，匪由勿语。
由醉之言，俾出童羖。
三爵不识，矧敢多又！

这不是发生在一般私宅里的事，而是朝廷高级宴会的真实写照。诗歌讽刺了酒后失仪、失言、失德的种种醉态，提出反对滥饮的主张。全诗五章，每章十四句。第一章描写初筵射礼；第二章描写百礼既至；第三章写饮酒渐多，由序而乱；第四章写酒后狂态；第五章以劝诫作结。诗中对醉态的描写十分精彩，用"屡舞仙仙""屡舞傞傞""屡舞傞傞"写初醉、甚醉、极醉之态，活画出一幅醉客图。

西汉开国皇帝刘邦在登上皇帝之位后回到沛县老家，很是风光。他在和同乡、三老们饮宴之后，击筑高唱《大风歌》，豪迈粗犷之外彰显出刘邦一代布衣帝王的英雄本色。随着汉代王公大臣宴饮之风的逐渐兴起，与之相伴的是文人作赋逐渐增多。这也间接促进了汉代文赋的兴盛。西汉时梁王曾经在自己的"菟园"内宴请文人，席间作赋七篇。东汉后期到三国时期是文人雅士宴饮的高峰期，其中很多人不仅仅是知识分子，并且还身居高位甚至贵为帝王。《文心雕龙·时序》中的一段话说："魏武以相王之尊，雅爱诗章；文帝以副君之重，妙善辞赋；陈思以公子之豪，下笔琳琅。"可见三曹父子，皆爱辞赋。到了晋代，帝王、大臣和上层文人更是经常举行宴会，席间少不了文人作诗作文相互唱和。西晋宴会所作的应令诗（即文人在帝王的要求和命令之下进行诗歌创作），仅陆云一人就作了六篇组诗，共计三十六首。东晋南朝时期，宴饮之余吟咏诗文的风气依然连续不断。东晋时期最值得一说的，是发生在永和九年（353年）三月初三上巳日的兰亭之会。《世说新语·企羡》写到：右军将军王羲之听到人们把自己的《兰亭序集》和石崇的《金谷诗序》相提并论，又认为自己能与石崇相匹敌，神情非常欣喜。以会稽兰亭为中心的文人集会，是

继西晋西园之会后的又一次文人盛会。著名的《兰亭集序》写道：

> 永和九年,岁在癸丑,暮春之初,会于会稽山阴之兰亭,修禊事也。群贤毕至,少长咸集。此地有崇山峻岭,茂林修竹,又有清流激湍,映带左右,引以为流觞曲水,列坐其次。虽无丝竹管弦之盛,一觞一咏,亦足以畅叙幽情。是日也,天朗气清,惠风和畅,仰观宇宙之大,俯察品类之盛,所以游目骋怀,足以极视听之娱,信可乐也。……

意思是说,永和九年,正值癸丑,暮春三月上旬的巳日,王羲之等人在会稽郡山阴县的兰亭集会,举行禊饮之事。德高望重者无不到会,老少济济一堂。兰亭这地方有崇山峻岭环抱,林木繁茂,竹篁幽密。又有清澈湍急的溪流,如同青罗带一般映衬在左右,引溪水为曲水流觞,列坐其侧,即使没有管弦合奏的盛况,只是饮酒赋诗,也足以令人畅叙胸怀。这一天,晴明爽朗,和风习习,仰首可以观览浩大的宇宙,俯身可以考察众多的物类,纵目游赏,胸襟大开,极尽耳目视听的欢娱,真可以说是人生的一大乐事。

这是一次借上巳节的传统祓禊仪俗举行的规模宏大的宴集,参与这次集会的有王羲之、谢安、孙绰等"文义冠世"的名士四十一人。当时,王羲之等人在举行修禊祭祀仪式后,在兰亭清溪两旁席地而坐,将盛了酒的觞放在溪中,由上游浮水徐徐而下,经过弯弯曲曲的溪流,觞在谁的面前打转或停下,谁就得即兴赋诗并饮酒。据史载,在这次宴集中,有十一人各成诗两首,十五人各成诗一首,十六人作不出诗,各罚酒三觚。

王羲之将大家的诗集起来，用蚕茧纸、鼠须笔挥毫作序，乘兴而书，写下了举世闻名的《兰亭集序》，被后人誉为"天下第一行书"，王羲之也因之被人尊为"书圣"。在集会上，这些文人对气象万千的大自然的美好领悟，加之酒精的催化作用，使他们产生了强烈的创作冲动，留下了许多脍炙人口的诗章，这里援引几首：

> 相与欣佳节，率尔同褰裳。
> 薄云罗物景，微风翼轻航。
> 醇醪陶元府，兀若游羲唐。
> 万殊混一象，安复觉彭殇。
>
> ——谢安

> 流风拂枉渚，停云荫九皋。
> 莺语吟修竹，游鳞戏澜涛。
> 携笔落云藻，微言剖纤毫。
> 时珍岂不甘，忘味在闻韶。
>
> ——孙绰

> 松竹挺岩崖，幽涧激清流。
> 萧散肆情志，酣畅豁滞忧。
>
> ——王元之

南朝历代帝王大多喜好组织宴饮文会，并且积极参与创作诗文。南朝萧梁裴子野在《雕虫论》序中就曾经评价过宋明帝："宋明帝博好文章，才思朗捷，常读书奏，号称七行俱下，每有祯祥，及幸宴集，而陈诗展义，且以命朝臣。"意思是说，宋明帝知识渊博，喜欢写文章，才思敏捷，经常读书和批阅奏章，以同时读书七行而著名，国家每有吉祥的征兆出现，就会召集群臣举行宴会，然后用诗词表达其意思，并以此把命令传递给朝臣。而梁武帝在宴饮时更是喜欢吟诗作文，其对诗歌文章也有比较深入的研究。《梁书·文学传》载："高祖聪明文思，光宅区宇，旁求儒雅，诏采异人，文章之盛，焕乎俱集。每所御幸，辄命群臣赋诗，其文善者，赐以金帛，诣阙庭而献赋颂者，或引见焉。"说的是，高祖既有才智又有美德，明察事理，广游天下，他下诏广泛地寻求博雅的儒生，接纳各种有特殊学问的人才，因此礼乐制度兴盛，各种人才都聚集京城，焕发出耀眼的光彩。高祖每驾临一处，往往命群臣赋诗撰文，诗文写得好的人，赏赐金帛给他，自己到宫廷献赋献颂的人，有时会得到被接见的恩宠。

南朝时期除了帝王重视宴饮时的吟咏，大臣之间的宴会也是充满了诗文唱和。在当时还有一种特殊的宴饮形式——山水园林宴会。组织者和参与者往往在自己的山水庄园里边，一边欣赏自然美景，一边品尝美食和美酒，同时吟诗作赋相互取乐。如当时士族阮卓，"退居里舍，改构亭宇，修山池卉木，招致宾友，以文酒自娱"（《陈书·文学传》）。意思是说，阮卓退居里舍，改建构筑亭宇，修山池花卉树木，召集宾客朋友，以文与酒自娱。

到了唐代，宴饮的形式更加多样化，除了汉魏以来的皇帝和大臣之间的宴饮作诗之外，唐代还有专门为新科进士举办的曲江宴、杏林宴等宴会。唐代新科进士正式放榜之日恰好就在上巳之前，上巳为唐代三大节日之一，这种游宴，皇帝亲自参加，与宴者也经皇帝"钦点"。宴席间，皇帝、王公大臣及与宴者一边观赏曲江边的天光水色,一边品尝宫廷御宴美味佳肴。曲江游宴种类繁多,情趣各异。其中以上巳节游宴、新进士游宴最隆重,在历史上的影响也最深。考中进士既然是一件大喜事,自然是要庆祝一番的,庆祝的形式就是曲江大会,亦即曲江宴。因为宴会往往是在关试后才举行,所以又叫"关宴"。因举行宴会的地点一般都设在杏园曲江岸边的亭子中,所以也叫"杏园宴"。以后逐渐演变为诗人们吟诵诗作的"诗会",按照古人"曲水流觞"的习俗,置酒杯于流水中,流至谁前则罚谁饮酒作诗,由众人对诗进行评比,称为"曲江流饮"。至唐僖宗时,也在曲江宴中设"樱桃宴",专门庆祝新进士及第。新科进士在拜见皇帝之后,与王公大臣一起,一边欣赏曲江美景,一边赋诗作文以表达心中的欣喜。宴会之时,新科进士们喜气洋洋,满面春风。前来参加宴会的还有主考官、公卿贵族及其家眷,有时甚至皇帝也会来观看。新科进士宴上的食品必须有樱桃,有时还有御赐的食物。宴会上,新科进士们除了拜谢恩师和考官,还要到慈恩寺大雁塔上题名留念。曲江边上,新科进士们一边饮美酒,一边品佳肴。有的携带乐工舞伎泛舟饮酒,有的则脱冠摘履于草地上"颠饮",一醉方休,不亦乐乎。宴会快结束时,便从所有的新科进士中挑选出两位最年轻的才俊,骑两匹快马进入长安城内遍摘名花,被称作"探花郎",后来科举第三名叫作"探花"即出于此。诗人孟郊考取进士时已年过四十,不能做"探花郎"了,但他仍兴致勃勃,目送两名探花郎骑着高头大马,下了杏园,从曲江边绝尘而去,引来江边众多美女顾盼。见此情景,孟郊不禁诗兴大发,信笔写下千古名句"春风得意马蹄疾,一日看尽长安花"。

　　唐代的女性地位比较高,因而有专门为女性举办的探春宴和裙幄宴。探春宴一般在每年正月十五过后的几天内举办,女子们到此游宴时的主要活动是"斗花"。所谓斗花,就是青年女子在游园时,比赛谁佩戴的鲜花更名贵、更漂亮。为了在斗花中获胜,长安富家女子往往不惜重金去购得各种名贵花卉。当时,名花十分昂贵,非一般民众所能负担,正如白居易诗云:"一丛深色花,十户中人赋。"探春宴上,年轻女子们"争攀柳丝千千手,间插红花万万头",成群结队地穿梭于曲江园林间,争奇斗艳。裙幄宴则选在每年的三月初三举行。年轻女子趁着明媚的春光,骑着温良驯服的矮马,带着侍从和丰盛的酒肴,来到曲江池边,选择一处景致优美的地方,以草地为席,四面插上竹竿,再解下亮丽的石榴裙连接起来挂于竹竿之上,这便成了女子们临时饮宴的幕帐。这种野宴被时人称之为裙幄宴。宴饮过程中,女子们为使游宴兴味更浓,非常考究菜肴的色、香、味、形,并追求在餐具、酒器及食盒上有所创新。因此,这类野宴在一定程度上不仅促进了我国古代烹调技艺、食具造型等的发展,也丰富了饮食品种。而一些文人也往往到场,吟诗作赋,以增加雅兴。

　　唐代的一些王公贵族往往也在春天宴饮郊游,春日游宴是青春年少的贵族子弟们的主要活动之一,也是表示他们不负春光的一种生活方式。《开元天宝遗事》记载,长安阔少们每至阳春,都要骑着一种特有的矮马,在花树下往来穿梭,令仆从执酒皿随之,遇上好景致则驻马而饮。还有人带上帐篷,任它春雨淅沥,仍可尽兴尽欢。唐时春游之盛行,与朝廷的支持是分不开的,官员们甚至能享受春假的优遇。《资治通鉴》记载,唐开元十八年(730年),初令百官于春月旬休,选胜行乐。

不仅放了长假，还有盛宴，赠赐钱钞，百官尽欢。私人如有园囿，那就更自在了，如《扬州事迹》所载，扬州太守家的花囿中有杏树数十株，每至花开酴醾，就要设盛宴赏花。每一株杏树令一年轻女子立于其侧，以美人与杏花争艳，为春宴增辉，可谓别出心裁。由此可以看出唐代宴饮种类的多样性以及宴饮之时的情趣雅兴。

宴饮活动中的吟诗联句，大多为歌功颂德之作，加上多为急就章，因而少有新意，精彩篇章不多，这里仅举一例。唐景龙三年（709年）重阳日，中宗李显与群臣在临渭亭登高，赋诗畅饮，"人题四韵，同赋五言，其最后成，罚之引满"这个故事被记载在《全唐诗话》中，其宴者诗如下：

韦安石得"枝"字，云：金风飘菊蕊，玉露泫萸枝。

苏瑰得"晖"字，云：恩深答效浅，留醉奉宸晖。

李峤得"欢"字，云：令节三秋晚，重阳九日欢。

萧至忠得"馀"字，云：宠极萸房遍，恩深菊酎馀。

窦希玠得"明"字，云：九辰陪圣膳，万岁奉承明。

韦嗣立得"深"字，云：愿陪欢乐事，长与岁时深。

李迥秀得"风"字，云：霁云开晓日，仙藻丽秋风。

赵彦伯得"花"字，云：簪挂丹萸蕊，杯衔紫菊花。

杨廉得"亭"字，云：远日瞰秦垌，重阳坐灞亭。

岑羲得"涘"字，云：爰豫瞩秦垌，升高临灞涘。

卢藏用得"开"字，云：萸依珮里发，菊向酒边开。

李咸得"直"字，云：菊黄迎酒泛，松翠凌霜直。

阎朝隐得"筵"字，云：簪绂趋皇极，笙歌接御筵。

沈佺期得"长"字，云：臣欢重九庆，日月奉天长。

薛稷得"历"字,云:愿陪九九辰,长奉千千历。

苏颋得"时"字,云:年数登高日,延龄命赏时。

李乂得"浓"字,云:捧篚黄香遍,称觞菊气浓。

马怀素得"酒"字,云:兰将叶布席,菊用香浮酒。

陆景初得"臣"字,云:登高识汉苑,问道侍轩臣。

韦元旦得"月"字,云:云物开千里,天行乘九月。

李适得"高"字,云:禁苑秋光入,宸游霁色高。

郑南金得"日"字,云:风起韵虞絃,云开吐尧日。

于经野得"樽"字,云:桂筵罗玉俎,菊醴溢芳樽。

卢怀慎得"还"字,云:鹤似闻琴至,人疑宴镐还。

是宴也,韦安石、苏瑰诗先成。卢怀慎、于经野最后成,罚酒。

宋代宴饮时的吟诗联句更多地体现在文人士大夫之间。由于北宋实行偃武修文的国策,文人士大夫的社会地位较高,所以他们经常举行各种宴饮活动。只要有机会,文人雅士便汇聚一处,饮酒赋诗,风流倜傥。开展这样的宴饮活动,其目的主要在于切磋学问、比试文才或与志同道合者赏景娱乐。赋诗唱和、写书作画是此类宴饮活动的主要内容,还经常伴有出游等。其中,伴有出游的文酒宴又被称为游宴。其参与者一般最为重视宴饮中的良辰、美景、佳客,对食物、饮料的要求并不是很高。

北宋著名诗人苏轼是文酒宴发起的重要代表。据史料记载,苏轼极爱游宴,对饮食又颇有讲究,著名的"东坡肉"据说就是他的自创。《挥麈录》亦载:苏轼居杭州时,春天时节,他每遇休假日,必约请宾朋到杭州湖一游。清晨,在山水宜人处用完早餐后,主客便每人乘坐一舟,每舟各领歌妓数名,一边泛舟赏景,一边饮酒宴乐。傍晚时分,主人鸣锣召集散布于湖上的宾客,众人又一起到湖畔楼阁处再次行宴欢饮,常至一二鼓而罢。等众人列烛而归时,"城中士女云集,夹道以观千骑之还",堪称当时夜市上的一道风景。以"老饕"自命的苏东坡,曾作有一篇《老饕赋》,笔调轻松活泼,道出了他享受美味的乐趣,品尝美味的讲究,更展现了其在选材、刀工、火候等烹饪方面的独到见解。

庖丁鼓刀,易牙烹熬,
水欲新而釜欲洁,火恶陈而薪恶劳。
九蒸暴而日燥,百上下而汤鏖。
尝项上之一脔,嚼霜前之两螯;
烂樱珠之煎蜜,滃杏酪之蒸糕;
蛤半熟而含酒,蟹微生而带糟。
盖聚物之天美,以养吾之老饕。
婉彼姬姜,颜如李桃,
弹湘妃之玉瑟,鼓帝子之云璈,
命仙人之萼绿华,舞古曲之郁轮袍。
引南海之玻黎,酌凉州之蒲萄,
愿先生之耆寿,分余沥于两髦。
候红潮于玉颊,惊暖响于檀槽,
忽累珠之妙唱,抽独茧之长缲;
闵手倦而少休,疑吻燥而当膏。
倒一缸之雪乳,列百柂之琼艘,
各眼滟于秋水,咸骨醉于春醪。

美人告去,已而云散,
先生方兀,然而禅逃。
响松风于蟹眼,浮雪花于兔毫,
先生一笑而起,渺海阔而天高。

　　"庖丁"是古代一位刀功极好的厨师,曾为文惠君解牛;"易牙"则是春秋时齐桓公宠幸的近臣,长于调味。此诗的意思是说,庖丁来操刀、易牙来烹调。烹调用的水要新鲜,锣碗等用具一定要洁净,柴火也要烧得恰到好处。有时候要把食物经过多次蒸煮后再晒干待用,有时则要在锅中慢慢地文火煎熬。吃肉只选小猪颈后部那一小块最好的肉,吃螃蟹只选

庖丁解牛

霜冻前最肥美的螃蟹的两只大螯。把樱桃放在锅中煮烂煎成蜜,用杏仁浆蒸成精美的糕点。蛤蜊要半熟时就着酒吃,蟹则要和着酒糟蒸,稍微生些吃。天下这些精美的食品,都是我这个老食客所喜欢的。筵席上来后,还要由端庄大方、艳如桃李

的大国美女弹奏湘妃用过的玉瑟和尧帝的女儿用过的云璈傲。并请仙女萼绿华就着"郁轮袍"优美的曲子翩翩起舞。要用珍贵的南海玻璃杯斟上凉州的葡萄美酒。愿先生六十岁的高寿分享一些给我。喝酒红了两颊,却被乐器惊醒。忽然又听到落珠、抽丝般的绝妙歌唱。可怜手已经疲惫却很少休息,怀疑酒性躁烈却把它当成膏粱。倒一缸雪乳般的香茗,摆一艘装满百酒的酒船。大家的醉眼都欣赏激潋的秋水,大家的骨头都被春醪酥醉了。美人的歌舞都解散了,先生才觉醒而离去。趁着(水)煮出松风的韵律,冒出蟹眼大小的气泡时,冲泡用兔毫盏盛的雪花茶。先生大笑着起身,顿觉海阔天空。

北宋时期,文人士大夫之间除了宴会饮酒之外,还有饮茶的文会。官僚士大夫之间的其他宴饮活动,主要是茶宴。茶宴和茶会在北宋时期十分流行。由于宋人举行茶会蔚成风气,所以北宋时期茶会和茶肆仍是人们信息交流的重要来源。朱彧曾说:"太学生每路有茶会,轮日于讲堂集茶,无不毕至者,因以询问乡里消息。"可见太学生举行茶会,是十分平常的事,其目的主要是交流信息。宴上赋诗仍是茶宴的重要内容,与宴者之间相互即景赋诗唱和,成为茶宴中重要的佐饮和交流方式。与前代相比,在宋人的茶宴和茶会上,娱乐方式更加多样化,除了赋诗填词之外,还出现了类似于酒令的茶令。这种以茶为内容的行令形式,在唐代已经出现。它以续诗"接龙"的形式,三五诗友促膝围坐,围绕一个茶的题材续成茶诗,谁续不上诗谁就当场受罚。如有一首著名的五言联句茶诗《月夜啜茶》,作者共有六人。他们是:颜真卿,著名书法家,开元进士,官至吏部尚书、太子大师;陆士修,嘉兴(今属浙江)县尉;张荐,工文辞,是史官修撰;李萼,擢制科,历官庐州刺史;

崔万,生平不详;昼,即僧皎然,著名诗僧。他们在一次品茗行令中,创作出了一首脍炙人口的五言联句茶诗。诗曰:

> 泛花邀坐客,代饮引情言。(士修)
> 醒酒宜华席,留僧想独园。(荐)
> 不须攀月桂,何假树庭萱。(萼)
> 御史秋风劲,尚书北斗尊。(万)
> 流华净肌骨,疏瀹涤心原。(真卿)
> 不似春醪醉,何辞绿菽繁。(昼)
> 素瓷传静夜,芳气满闲轩。(士修)

南宋著名诗人王十朋《万季梁和诗留别再用前韵》一诗写道:"搜我肺肠茶著令,饮君文字酒淋衣。"其诗自注说:"予归与诸友讲茶,令每会茶指一物为题,各举故事,不通者罚,命季

宋代文人茶宴

梁掌之。"除了专门的以饮茶为主要目的的茶宴外,北宋时期,在各种酒宴上,人们也要饮茶,或是一边饮酒一边饮茶,或是饮酒后再饮茶。后者情况居多,多是在饮宴结束之后,主人热情地献茶,大抵是相信茶能解酒的缘故。

　　到了明清时期,由于中央集权的加强,以及文字狱的兴起,使得官僚阶层和文人士大夫在宴饮的时候不敢轻易吟诗作赋。即便有些宴饮活动,也基本上是流于形式,不能同宋代及其以前相比。宋濂是明初文坛领袖、洪武朝的首席儒臣,在明朝开国初期跟刘基一起受过朱元璋的重用,后来,又当过太子的老师。宋濂为人谨慎小心,但是朱元璋对他并不放心。有一次,宋濂在家里请几个朋友喝酒。第二天上朝,朱元璋问他昨天喝过酒没有,请了哪些客人,备了哪些菜。宋濂一一照实回答。朱元璋笑着说:"你没欺骗我!"原来,那天宋濂家请客的时候,朱元璋已暗暗派人去监视了。明代专门设有锦衣卫、东厂、西厂等特务机关,随时监察文武百官的行踪,在这种高压之下自然在宴饮之时少了许多雅兴。而清代则在文化上专制,大兴文字狱,文人动辄因为文字而入狱,所以清代宴饮时除了形式之外更是"万马齐喑"的景象。

九 中西合璧

　　饮食没有国界,不同国家、不同地域的人们对于美味佳肴的向往是相同的。从古至今,不同地域、不同国家的人们之间的饮食文化交流从未间断过。在不同的历史时期,不同国家的菜肴都曾跨越国度,越是美味的食物传播得越远。中餐漂洋过海到东南亚、欧美等国遍地开花,与此同时西餐也融入中国,在中国境内赢得了好评并且落地生根。在当今社会,随着东西方文化交流的日益加深,中餐和西餐的交流日益普遍。

"舌尖中国"在海外

中国饮食在海外的传播主要体现在以下两个方面：

一是在东南亚的传播。

明代中期以后直到近代，我国东南沿海地区的农民、渔民、商人开始大规模地涌入东南亚地区，在吕宋、苏禄、暹罗等地聚族而居。中国的饮食文化和烹饪技术也随着这些移民浪潮而传播到了东南亚地区。如中国传统的调味品就传入了东南亚地区。在菲律宾，当地人把来自中国的酱油念成"托由"，豆腐乳念成"陶夫林"。中国的农副产品如酱菜、火腿、腊肉、粉丝等食材也传播到了东南亚。这些颇具中国特色的食材物美价廉且便于储存，即使在东南亚高温天气中也能得以较好保存。

中国的烹饪技术在向东南亚传播的过程中，不仅保留了中国菜所独有的特色，也逐渐与东南亚地区的烹饪相结合，推陈出新，又有了新的发展。"娘惹菜"的出现就是最好的证明。"娘惹菜"是中国菜和马来菜相互融合而形成的。还有一些中国菜在中国国内原本是不存在的，而是中国厨师在东南亚地区创新烹饪出来的，如已经成为新加坡名菜的"海南鸡饭"，实际上并不是海南地区首创，而是由海南厨师发明并在新加坡地区加以推广，久而久之当地人就认为这道菜来自中国。

除此之外，原产自中国的白酒也在明清时期传入东南亚地区。中国的白酒在东南亚很受欢迎,一方面,东南亚地区有大量的华侨、华人,他们对来自故土的中国白酒很是喜爱;另一方面,由于中国白酒味道醇厚,酒味浓烈,也很受东南亚土著居民的欢迎。在东南亚很多地区,白酒的制作、销售权都掌握在华人手中。在东南亚的许多中国酒店里,从盛酒的器具到酒店的装饰都保留着浓重的中国味道。这些都体现出中国的饮食在东南亚地区深远的影响。

二是在欧美国家的传播。

中国的饮食文化注重刀工、火候,制作精巧,讲究荤素搭配、营养均衡。相对西餐而言,中餐的菜式更加精美、烹饪技艺更加复杂、口味更加鲜美。因此,近代以来中餐在欧美国家逐渐被当地人所接受。

在英国,中餐给人的印象是物美价廉,大多数情况下被上班族当作午餐来享用。最早进入英国的中餐是粤菜,最近几年川菜也出现在了伦敦等英国大城市的街头。在英国的川菜饭店里,除了有地道的四川厨师一手包办的川菜宴席之外,饭店里的装饰更具有四川地方风情,有体现川蜀文化的竹质牌匾,有盆景雕塑,再加上清雅的古琴古筝演奏,让在座的每一位英国食客都耳目一新。在伦敦皮姆里科夫高级公寓区,有一家叫作"湖南饭店"的餐馆也堪称一绝,除了原汁原味的湖南特色菜之外,老板每天只设定两桌雅座,并且不允许就餐的客人自己点菜,而是由老板亲自按人数、年龄配上酒菜。这些菜馆无一例外地都在当地突出了中餐馆自己的特色。

在号称欧洲饮食大国的法国,在最近几十年、特别是中国改革开放之后,法国中餐馆的数量明显增加。中餐业是法国华人的一项重要产业。目前,在法国任何一座稍大点的城市都开设有中餐饭店。法国的中餐业最初始于20世纪五六十年代，最早是由来自东南亚地区的华人引进的。但是当时的中餐业因受到法国根深蒂固的饮食传统影响并没有很大的发展。在中国改革开放以后，大批来自中国的华侨或经营者在法国开设了具有浓郁中国传统特色的中餐馆。据统计，目前在法国的中餐馆已经达到了五千余家，这些中餐馆大致可以分为三种类型：一是由来自中国的经营者开设的饭店，以浙菜和闽菜为主，经营规模比较大。这或多或少地受到法国人饮食习惯的影响，因为法国人比较热衷于使用海鲜和生鲜食材，并且口味比较清淡。由于浙菜和闽菜以海鲜和生鲜食材为主，所以受到法国人的欢迎。二是由来自东南亚的华人创办的中餐馆，基本上以小吃或是小型餐饮为主，而菜肴也大多和粤菜比较相近。三是法国人自己经营的中餐饭店。法国人经营的中餐馆更多的是利用中餐的招牌吸引顾客，而饭店里的菜肴主要是中国人常见的家常菜。

在美国，中餐也是非常普及的。中式餐饮最早是在19世纪中期随着华人劳工传播到美国的。中餐在美国最大的优势就在于价格低廉，因为传统的美式餐饮需要用到大量的乳制品和肉制品，而中餐则讲究荤素搭配，并且很少使用乳制品，价格相对来说比较低廉。美国早期的中国餐饮主要是华人劳工引进的比较低端的中式餐饮，并不为美国人所重视。二战以后，随着华人在美国的人口数量逐渐增加，高素质人群迅速扩大，美国的中餐业有了较快的发展。中餐相对于美式西餐的一大特色就是能够打包外卖。中餐成为美剧中常见的盒装外卖形象则开始于20世纪60年代。二战后，美国开始兴起快餐业，这时中餐馆也瞄准市场需求，开始改变经营形式。特别是1965年移民政策放宽后,大批华人继续涌入美国,入行门槛低的中餐馆依然是在美华人的支柱行业,1946年美国各地中餐馆1101家,但到1971年已增至9355家。这些中餐馆半数以上都是简易外卖店,遍布大街小巷,以更低廉的价格与麦当劳、赛百味等快餐店争夺顾客,不仅提供中式菜,还提供炸薯条等西式快餐。这类中式快餐发展之快,让这种绘有宝塔的红色包装外卖纸盒都成为中餐的象征。2005年,《纽约时报》的报道称美国的中餐馆的数量已近36000家,数量超过麦当劳、汉堡王这类美式餐饮连锁店的总和。这些在美国的中式快餐店经过多年发展,为迎合美国人的口味,提供的改良版餐品早已与原版中餐相去甚远。从早期的炒杂碎、炒面、芙蓉蛋开始,这些中餐馆提供的"名菜"都是符合美式口味,如著名的"左宗棠鸡",这种酸甜口味的油炸食品自20世纪70年代推出便大受欢迎。另外,这些美式中餐大量使用酸甜酱,食材通常来自菠萝、樱桃等罐头水果,便宜的罐头食材也能保持菜品

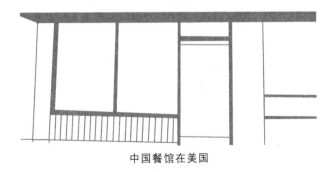

中国餐馆在美国

价格的低廉。另一方面,美国高档的中餐厅则继承和发扬了中国饮食的博大精深的特点,在与当地人的口味相结合之后,比较推崇海鲜、牛羊肉等食物。而高档中餐馆里的川菜和海鲜类的菜肴在美国最受欢迎。这一点与普通的中餐馆有所不同。

西 餐 东 渐

先说说中餐和西餐的区别。

所谓西餐,是指源自欧洲地区特别是西欧地区的餐饮菜肴,其广义上也包括了新大陆地区的美洲、澳大利亚等地的菜肴。西餐饮食与中餐相比较,在饮食观念、饮食方式、饮食对象等方面都有着显著的差异。

在饮食观念方面,西方人饮食注重各种营养元素的比例搭配,他们强调要把食材分为蛋白质、脂肪、碳水化合物、纤维素、维生素等几种元素。而对食物的色、香、味、形并不是特别重视。在西餐的酒席上,他们很讲究餐具,讲究用料。作为菜肴本身则讲究原汁原味,牛排与配菜一定分清主次。典型的法国羊排,盘子的一边放着土豆泥,另一边放着羊排,再点缀一些青豆或是番茄片。西餐中的法式红焖鸡,鸡占据盘子的中央,然后在盘子旁边点缀一些生菜叶之类的配菜。

西餐

在饮食方式方面,中餐采用的是合餐制,用餐者围坐在一起,将所有的菜品摆放在餐桌上,用餐者根据各自喜好自行选取。中餐一方面是大家围坐在一起享用美食,另一方面又是大家交流感情的媒介。与中餐不同,西餐采用的是分餐制,菜品一般一一列出,分别放在用餐者的旁边,供每人品用。中西方饮食方式上的差异对民族性格也有影响。在中国,任何一个宴席,不管出于什么目的,都只是一种形式,就是大家团团围坐,共享一席。宴席一般用圆桌,这就从形式上造成了一种团结、礼貌、共趣的氛围。美味佳肴放在餐桌的中心,它既是一桌人欣赏、品尝的对象,又是一桌人感情交流的媒介物。人们相互敬酒、相互让菜、劝菜,在美食面前,体现了人们之间相互尊重、礼让的美德。虽然从卫生的角度看,这种饮食方式有明显的不足之处,但它符合我们民族"大团圆"的普遍心态,反映了中国古典哲学中"和"的思想。在用餐的顺序上,中西方也有差异。传统中餐的上菜顺序是:先上冷菜、饮料和酒,然后上小炒,之后上大菜,最后上汤和点心。西餐则是先上开胃小菜,然后上汤,之后才上热菜,热菜才是西餐的主要部分。最后是甜点,一般为布丁、蛋糕或是冰激凌。

　　在饮食对象方面,中餐和西餐也有较大的差异。从食材方面看,中国人的主食以谷类为主,副食以蔬菜为主,肉类为辅,中国人食用的蔬菜有六百余种,几乎是西方人的六倍;从肉食方面看,西餐很少食用动物的内脏,而中餐则善于利用动物的内脏和下水,比如猪大肠、猪蹄子、鸡爪子等。

　　再来介绍西餐在中国流行的情况。

　　西餐与中餐不同,中餐讲究色、香、味俱全,但是因太过注重这些因素,而忽视了其他方面,诸如建立自己的品牌、服务的周到、食品的卫生等。而西餐则不同,西餐首先就是要打品牌,靠品牌招徕消费人群,靠周到的服务和良好的卫生环境来留住消费群,使人们在就餐的过程中舒心地品尝菜肴,留下美好的印象。此外,西餐厅的层次也较多,分为高、中、低三个档次,以适应不同消费水平的人群,还有酒吧、咖啡厅等休闲类的西餐厅。写字楼拥有大批时尚白领、"海归"及来华从事政务商务的外国人,为西餐提供了较稳定的消费群体。大西餐概念也是必不可少的,法式、意式、美式、英式、日式、东南亚式等带给人多样化、丰富多彩的西餐饮食文化,这些都为西餐在中国的经营提供了有力的保障。

　　西餐早在清代末期就已经在我国沿海地区出现,但是西餐大规模进入中国还是在我国改革开放以后。20世纪80年代后,随着中国对外开放政策的实施,中国经济的快速发展和旅游业的崛起,大量的西方人再度涌入中国投资、旅游,在北京、上海、广州等地相继兴起了一批设备齐全的现代化饭店,如世界著名的凯宾斯基、希尔顿、假日饭店等。同时形成了以经营法式西餐为主,英式、美式、意式、俄式等全面发展的格局,从而适应了西方人来华投资、旅游的需求。各种各样的西餐馆在中国境内的各大城市遍地开花。

与中餐各大菜系一样,西餐未来发展的大致走向,也将是各领风骚。需要指出的是,目前中国各地形形色色的西餐馆中,风味正宗、特色鲜明的尚在少数,相信随着中外烹饪交流的不断深化,情况会有改观,像法国餐厅、意大利餐厅、日本料理等,无论是菜品质量、餐厅布置、建筑风格,都结合中国人的口味而有所创新。如今经过多年的发展,国内的西餐业态也分成了多种形式,如有从服务到文化包装到菜品都有各自不同体系的西式正餐,以麦当劳和肯德基为代表的西式快餐,以酒或咖啡、甜品为主的酒吧和咖啡厅,从香港引进的可以让顾客在很西式的环境下吃到有中式特点的食物的茶餐厅,还有具有非常浓郁的地域特色的日餐、韩餐、东南亚餐,等等。多样化的、丰富多彩的西方饮食文化给中国消费者提供了一种与中国传统饮食文化完全不同的享受。

西餐厅经营的特点,是对标准化和规范化非常讲究,它代表了现代餐饮的经营理念,比如西餐的用品、灶具对于标准和规范要求很高,从进货到厨房,从原料选择到制作,从营养搭配到出品大都遵循西方传统的卫生营养原则,加之烹炸类菜少,讲求原汁原味,这样可以使西餐企业在起步阶段就站在一个很高的起点上。随着时代的发展,人们的饮食消费更加理性,西餐的分餐制,既安全卫生又顺应了节约的潮流。西餐的饮食结构也较为合理,菜品的营养搭配比较均衡,上菜程序及饮食搭配更利于人体吸收,根据不同情况还可以有餐前酒、配餐酒,无论是食品、原料本身的营养价值,还是菜品的营养搭配都能满足人们对合理膳食的要求。随着中西方文化的交流与融合,西餐厅里的菜肴也逐渐被中国的年轻群体所接受。

如法式菜肴的名菜马赛鱼羹、鹅肝排、巴黎龙虾、红酒山鸡、沙福罗鸡、鸡肝牛排、奶酪等,英式菜肴的名菜鸡丁沙拉、烤大虾苏夫力、薯烩羊肉、烤羊马鞍、冬至布丁、明治排等,意式菜肴的名菜通心粉素菜汤、焗馄饨、奶酪焗通心粉、肉末通心粉、比萨饼等,美式菜肴的名菜烤火鸡、橘子烧野鸭、美式牛扒、苹果沙拉、糖酱煎饼等,都是中国年轻人所青睐的。

西餐在中国

中西饮食文化的融合

中西饮食文化的融合首先是饮食理念的融合。如前所述,中餐和西餐在历史发展过程和文化背景等方面都存在很大的差异。

中餐注重味道,重视在烹调原料自然之味的基础上进行"五味调和",并用阴阳五行的基本规律来指导这一调和。调和要合乎时序,又要注意时令,调和的最终结果要味美适口。所以,几乎每个中国菜都要用两种以上的原料和多种调料来调和烹制,即使是家常菜,一般也是荤素搭配来调和烹制的,如韭黄炒肉丝、肉片炒蒜苗、腐竹焖肉、芹菜炒豆腐干,等等。相对来说,中餐是种感性的饮食观念。中国人很重视"吃",人们把吃的功能发挥到极致,不仅维持生存,还用它维持健康,即"药补不如食补"。而美味的产生,在于调和,要使食物的本味、加热以后的熟味、配料和辅料之味,以及调料的调和之味,交织融合在一起,使之互相补充,互助渗透。可见,在中国的饮食文化中,对"味"的追求往往超出对"营养"的追求,对饮食美性的追求显然压倒了理性,这从餐桌上各式各样菜品的颜色上就不难看出。这种饮食理念形成了中餐过分注重饭菜色、香、味的特点。

与中餐相比,西餐则强调科学与营养,食物烹调的全过程都严格按照科学规范行事,牛排的味道从纽约到旧金山毫无二致,牛排的配菜也只是番茄、土豆、生菜有限的几种。更有甚者,规范化的烹调要求调料的添加量精确到克,烹调时间精确到秒。西餐是一种理性的饮食观念,不论食物的色、香、味、形如何,力求口味清淡和膳食的均衡。西方人认为饮食只是一种手段,因而口感如何,在饮食中并不占重要位置,不会过分地去追求口味。对于烹饪食物,营养性就是他们的出发点和目的地。他们全力开发和研究食物在不同状态下的营养差异,即便口味千篇一律,也一定要吃下去,因为有营养。在宴

席上，可以讲究餐具，讲究用料，讲究服务，讲究菜之原料的形、色方面的搭配。但不管怎么豪华高档，菜只有一种味道，无艺术可言，作为菜肴，鸡就是鸡，牛排就是牛排，纵然有搭配，那也是在盘中进行的，只是色彩上对比鲜明，但在滋味上各种原料互不相干，各是各的味，简单明了。可以说，西方人自始至终坚持着从营养角度出发，轻视饭菜的其他功能。

西餐与中餐一样，是一种饮食文化，是文化必然就会有传播和交流，尽管不同的民族文化和不同的地域特征，造就了中西方迥异的饮食文化，但从本质上讲，"吃"的内涵并不会因为这些差异而改变。讲究品种多样，营养平衡，搭配合理，重视健康已成为中西方饮食科学的共识，这是中西方饮食文化交流融合最重要的基础，只有交流，才能了解，才有可能发展。中西方饮食无论其个性变化多么丰富，总是具有相对稳定的共性。就当前国际饮食业的发展趋势来看，中餐和西餐都在扬长避短，逐步走上互补的道路。在科学技术突飞猛进与国际交往不断加强的今天，丰富的生活内容和先进的思想观念为中西方饮食文化注入了无限的生机和活力。中华饮食带着中华民族的文化神韵逐步走向世界。

中西方饮食文化不断在碰撞中融合，在融合中互补。现在的中餐已开始注重食物的营养性、健康性和烹饪的科学性，而西餐也开始向中餐的色、香、味、意、形俱全的艺术境界发展。我们在面对两种不同饮食文化的时候，应当根据自身的情况有所取舍，切不可一味追求味觉上的享受。

应当指出的是，中餐和西餐烹饪方式的融合是双向的。一方面，现代中餐吸取了西餐烹饪方式上的一些优点。随着东西方饮食文化交流的日益频繁，中国烹饪界已经意识到了传统中餐的缺陷，并有意识地进行改进，同时借鉴西餐的一些做法，使烹饪过程、饮食方式更科学、更卫生、更文明。如中国人炒菜多喜用大火，又不太注意厨房的通风问题，因而油烟特别多，直接威胁着人的健康。又如吃在中国人的生活中是"悠悠万事，唯此为大"。对于吃的热衷，已经渗透到我们的骨髓之中，潜移默化地支配、影响着我们的思想和行为。这实际上就触及到了中国饮食文化的最大弱点。民间有句俗语："民以食为天，食以味为先。"由于把对美味的追求作为第一要求，因而忽略了食物最根本的营养价值，使很多传统食品都要经过热油炸和长时间的文火饨煮，使菜肴的营养成分都损失在了加工过程中。而如今，随着饮食科学的发展和西餐的影响，中国人已开始理性地对待饮食，比如烹饪时尽量少用油炸，尽量不用大火爆炒，蔬菜尽量不进行长时间的煮制，以保持蔬菜的营养。一些高档的中餐厅已经做到分餐食用，这样不仅方便快捷，也更加卫生。

另一方面，西餐也吸取了中餐烹饪方式上的一些优点。西方人认为菜肴是充饥的，所以专吃大块肉、整块鸡等"硬菜"，他们每天进食大量蛋白质，肠胃功能却因进食纤维素太少而受到影响，因此消化系统的患病率及患癌率均大大超过中国。中国人喜爱粗粮，而西方人偏爱精白粉等细粮，实际上，粗粮所含营养物质要比细粮多。中国人爱吃植物油，而西方人做菜喜用含胆固醇较高的动物油。传统西餐中肉食和肉制品、奶制品含量往往太多，而新鲜蔬菜则比较少，这样会导致人肥胖、高血脂、高血压等症状，对人的身体健康不利。如今，营养和健康越来越受到人们的关注，中餐和西餐的交流日益增多，科学营养的西餐，才会被食客认同。那些传统非科学的西餐将受到冲击,而紧跟时代潮流、注重消费健康、区别于传统"三高"的"新营养西餐",将会越来越受到青睐。现在的西餐吸取了中餐烹饪中有益的元素,比如增加新鲜蔬菜、水产品等,传统西餐在油脂含量过高的黄油、奶酪则更多地被橄榄油、沙拉酱所取代。西餐传统的牛排、猪扒等菜肴也吸取了中餐的烹饪优点,在烹制时加入适量的蔬菜。传统西餐中的点心也从中式点心加工过程中吸取有益的元素,如少放黄油而用植物油取代,利用自然的水果代替食品添加剂,既能增加香味又有利于健康。

随着时代的进步和发展,中餐和西餐的交流、融合会进一步深入。两者之间会进一步相互吸收彼此的优点,在满足人们口腹之欲的同时朝着健康、科学的方向发展。

参考文献

[1] 王仁湘.饮食与中国文化[M].北京:人民出版社,1994.

[2] 王仁湘.珍馐玉馔[M].南京:江苏古籍出版社,2002.

[3] 王玲.中国茶文化[M].北京:中国书店,1992.

[4] 庄华峰.中国社会生活史[M].2版.合肥:中国科学技术大学出版社,2014.

[5] 李志慧.饮食[M].西安:三秦出版社,1999.

[6] 张宇光.中华饮食文献汇编[M].北京:中国国际广播出版社,2009.

后记

　　自从人猿相揖别,饮食就成为人类特有的文化现象和行为。中华历史上下五千年,但是中国的饮食文化前后却绵延了170多万年。《礼记·礼运》云:"饮食男女,人之大欲存焉。"《寿亲养老新书》说:"食者,生民之天,活人之本也。"的确,人只要来到这个世间就必须饮食。饮食作为人类与生俱来的一种本能,是人类赖以生存与繁衍、社会得以发展与进化的首要物质基础和重要活动方式。斗转星移,人类的饮食一旦突破了最初单纯的果腹阶段,便开始萌生出饮食文化。随着人类社会的不断进步,饮食文化的内涵也日益充实与丰富起来。

　　饮食作为一种文化,有着特定而又丰富的内涵。它既是文化,又是科学,更是一种艺术。具体而论,它包括两个方面的内容:从物质文化的角度讲,中国饮食文化是指食物原料的生产、加工和进食的方式;从精神文化的角度讲,中国饮食文化是指人们在饮食活动中所展现出来的社会分工及其组织形式、价值观念、分配制度、道德风貌、风俗习惯、艺术形式等。饮食文化即人类社会的物质文明与精神文明在饮食活动中的有机统一。它是整个人类文化的重要组成部分之一。中国饮食文化是一种广视野、深层次、多角度、高品位的悠久区域文化。就其特征来说,可以概括成五个字:"精""美""情""礼""养"。它反映了人们饮食活动过程中饮食品质、审美体验、情感活动、社会功能等所包含的独特文化意蕴,也反映了饮食文化与中华优秀传统文化的密切联系。

一般而言，一种独特的饮食活动的形式和内容，总是同某个国家或民族所面临的各种自然条件（如地质条件、地理条件、气候条件、物产条件等）及其他条件密切相关，总是与其文化创造活动的方式紧密相连，并且总是直接或间接地反映出这一人类文明形态的文化特征和发展水准。因而，每一种具体的饮食文化都彰显出鲜明的民族性特征、阶层性差异和时代性特点。

作为中国历史文化不可分割的一个组成部分——中国饮食文化，既汇集了全国各个地区、各个民族的种种饮食风貌和礼仪习俗，也凝聚着历代先民对美好事物的执着追求和悉心向往，同时，更蕴含有不断激励后人热爱现实生活的信念和情操，它是体现整个中华民族文明教化水平的一个重要坐标。在科学技术昌明发达、文化交往日益频繁的今天，我们生活的这个"地球村"方方面面都在发生着巨大的变化，而中国饮食文化却始终以它所独具的魅力而大放异彩。因此，我们可以毫不夸张地认为：凡是不了解中国饮食文化者，便不可能真正全面地了解中国文化，因为今日之中国，既是一个经济的中国、文化的中国、历史的中国，同时也是一个"舌尖上的中国"。

随着近年来我国国际交往与旅游事业的发展，中国的饮食已成为我国人民与世界各国人民经济、技术、文化交流中特殊而又重要的手段之一。随着烹饪是文化、是艺术、是科学这一观念为越来越多的人所接受，对中国的饮食文化与烹饪技术进行科学、系统的总结与研究，已被提上日程。然而由于受"君子远庖厨"传统观念的影响，封建时代的贵族与文人只知享受美味美食，而耻于将其烹饪实践经验加以总结和提高，加

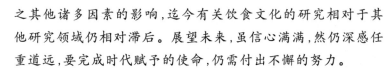

之其他诸多因素的影响，迄今有关饮食文化的研究相对于其他研究领域仍相对滞后。展望未来，虽信心满满，然仍深感任重道远，要完成时代赋予的使命，仍需付出不懈的努力。

"饮食文化"是笔者十多年来朝斯夕斯教学与科研的内容之一。早在20世纪90年代初，笔者便涉足饮食文化研究领域，先是组织同道编写出版了《中国饮食文化辞典》（安徽人民出版社，1991年版），继而进一步搜集资料，试做一些文章，每有所获，渐渐地便萌发了写作本书的兴致。而之所以迟迟未能遂愿，这固然是由于本人生而不敏所致，亦因为这一课题涉及面极广，不易把握。直至2018年，中国科学技术大学出版社编辑出版"漫画版中国传统社会生活"丛书，本书忝列其中，这才了却了我多年的一个心愿，备觉欣慰。

需要指出的是，本书的写作得到了不少人的帮助，朱争争、徐达标、何靖宇君协助撰写了部分内容，汪燕萍、曹牧瑶、龙兰、曾莹莹、冯红、王泉、陈攀攀、黄伟、余运生、蔡燕灵、袁胜男、彭杨杨、杨天利诸君在资料搜集、整理方面做了不少工作；中国科学技术大学出版社的领导和编辑为本书的出版付出了许多心血。在此谨向他们致以诚挚的谢意！

庄华峰识于江城怡墨斋

2019年10月